CONHECENDO O CÉREBRO

Coordenação Editorial:
Carla Milano Benclowicz

Equipe de Produção:
José Antonino de Andrade, Eunice Tamashiro,
Renan Morais Figueiredo e Maria Vieira de Freitas.

Capa:
Mílton Lando

Composição:
Linoart Ltda.

Tradução:
Eduardo Brandão

Dados de Catalogação na Publicação (CIP) Internacional
(Câmara Brasileira do Livro, SP, Brasil)

Mecacci, Luciano.
M432c Conhecendo o cérebro / Luciano Mecacci; tradução de Eduardo Brandão. -- São Paulo : Nobel : Istituto Italiano di Cultura di São Paulo : Instituto Cultural Ítalo-Brasileiro, 1987.

Bibliografia.
ISBN 85-213-0490-0

1. Cérebro 2. Cérebro – Localização das funções I. Título.

CDD–150
–612.82
87-0820 –612.825

Índices para catálogo sistemático:

1. Cérebro : Localização das funções : Neurofisiologia humana 612.825
2. Cérebro : Processos mentais : Neurofisiologia humana 612.82
3. Cérebro e comportamento humano : Psicologia 150

Luciano Mecacci

CONHECENDO O CÉREBRO

Danielle
2003

1987

Nobel

Istituto Italiano di Cultura di São Paulo
Instituto Cultural Italo-Brasileiro

Publicado originalmente em italiano sob o título:
IDENTIKIT DEL CERVELLO

Impresso no Brasil / *Printed in Brazil*

Índice

O historiador e o geólogo reconstroem os fatos que já não existem mediante métodos indiretos e, no fim, sabem tudo dos fatos passados. Do mesmo modo, o psicólogo encontra-se, freqüentemente, na posição do historiador e do geólogo. Quando trabalha, é como um policial que descobre um crime que não viu.

Vygotski

Prefácio

A representação que a ciência atual nos dá do cérebro é a de um cérebro "médio", com estrutura e funções comuns aos homens e às mulheres de toda a Terra. O cérebro que foi estudado e sobre o qual foram obtidos conhecimentos da maior importância é o cérebro do homem que se aproxima do ano dois mil, mas considera-se ser o mesmo de que a espécie humana está dotada há dezenas de milênios.

Há "outro" cérebro que a ciência não estuda, ou só considera marginalmente. É, em primeiro lugar, o cérebro de cada indivíduo, cada um diferente do outro; e, depois, o cérebro de indivíduos pertencentes a culturas diferentes. É o cérebro dos cientistas e dos artistas, dos que navegam no oceano ou que vivem nas tundras ou em extensões de gelo, de quem sabe ler e escrever ou de quem pertence a uma cultura sem escrita, de quem, por doença ou acidente, perdeu suas funções mentais. É, também, o cérebro dos homens e das mulheres do passado, daqueles que agiam no mundo e conheciam-no de um modo que hoje já não se pode pesquisar diretamente. A variedade do cérebro dos homens é a fonte do predomínio dessa espécie de animais sobre as outras espécies e a origem das relações sociais e da cultura. A variedade do cérebro humano, porém, é ignorada. Estuda-se um cérebro "normal" que, na realidade, não existe.

Esse cérebro é diferente com respeito ao que nos diz sobre ele a ciência contemporânea; mas, de fato, é o cérebro tal como é (e como foi), em sua variedade, na vida de todos os homens. Em alguns casos, há pesquisas específicas, mas geralmente só possuímos documentos indiretos. O pesquisador sente uma espécie de náusea à idéia de estudar o que acontece no cérebro de um grande artista, quando ele pinta ou compõe música, ou de um atleta, quando vence o adversário graças a uma seqüência de movimentos perfeita.

Para pesquisar a variedade da organização funcional do cérebro humano, não podemos basear-nos tão-somente nos relatórios de especialistas em ciências neurológicas e em psicologia. Essas ciências tendem a anular as diferenças, pretendem construir um cérebro e uma mente universais. Assim, os casos que apresentam uma riqueza funcional insuspeita são considerados uma exceção. Se, ao lado dos dados científicos, colocarmos os dados da história do homem e nos perguntarmos como o cérebro guiou-o no domínio da natureza e na construção das sociedades, parecer-nos-á improvável que essa máquina tenha sido montada e posta em movimento de uma vez por todas, que ela nunca tenha modificado seu modo de funcionar, que funcione da mesma maneira em todos os indivíduos.

Os dados apresentados não podem ser considerados como base para uma nova concepção do cérebro. Foram recolhidos fragmentos esparsos, tirados dos resultados da neurofisiologia e da psicologia e referentes a indivíduos e fenômenos da história cultural e social. O leitor, habituado às descrições do cérebro como um complexo de neurônios e fibras nervosas, poderá ser surpreendido por um itinerário que abrange tanto problemas específicos das funções cerebrais, derivados da neuropsicofisiologia, como indícios indiretos, extraídos da história ou da antropologia. A complexidade do cérebro deveria revelar-se maior ainda ao serem integradas essas fontes aparentemente díspares. Naturalmente, esse correlacionamento exigiria um trabalho mais vasto. Apresentamos, apenas, um primeiro reconhecimento ou, melhor, a proposta de uma nova exploração, na perspectiva de restituir ao cérebro a dimensão humana que lhe é negada, quando comparado a um computador ou mostrado num reluzente laboratório eletrônico, como um dos vários objetos naturais da ciência.

Esse livro é dedicado a Natacha e a seus três amigos, cegos-surdos-mudos como ela, formados em psicologia, em Moscou, em 1975.

Fig. 1. Desenho de Nadia aos 5 anos e meio.

O cérebro de um artista

Nadia

Há alguns anos, uma mãe foi aconselhada a levar sua filha, de uns seis anos, para ser examinada num centro universitário de psicologia, em Nottingham, Inglaterra. A menina, de nome Nadia, era gorducha, de movimentos desastrados e, sobretudo, não falava. Quando a mãe mostrou à psicóloga os desenhos de Nadia, o espanto foi grande, pois parecia impossível que uma menina da sua idade fosse capaz de desenhar tão bem. Os psicólogos chegaram a pensar que a mãe estivesse querendo enganá-los. Talvez para mostrar que a filha, embora não falando, sabia fazer alguma coisa. Todavia, se aqueles desenhos tivessem sido feitos por um adulto, tratava-se, sem dúvida nenhuma, de um artista excepcional.

Nadia foi seguida, durante muito tempo, por uma psicóloga precisa e competente, Lorna Selfe, que recolheu seus desenhos e submeteu-a a vários testes psicológicos. É claro que observou-a atentamente enquanto desenhava, eliminando toda e qualquer dúvida de que os desenhos mostrados pela mãe não fossem dela. Desde que Nadia começou a desenhar, aos 3 anos e meio, seu tema preferido foram os cavalos. Nadia representava-os em movimentos, de vários ângulos, às vezes com um cavaleiro montado. Um impressionante exemplo de cavalo com cavaleiro é a figura 1, desenho feito aos 5 anos e meio.

Quando desenhava, Nadia ficava muito contente, um dos poucos momentos felizes do seu dia. Ria, batia os joelhos en-

Fig. 2. Desenho de Nadia aos 6 anos e 5 meses.

quanto olhava os seus croquis. Os desenhos eram feitos velozmente, com uma destreza verdadeiramente extraordinária. A psicóloga notou algumas características interessantes, enquanto Nadia desenhava. Ela ficava bastante perto da folha, embora não fosse míope. Não usava cores e só desenhava com uma esferográfica. Na primeira consulta, deu a Nadia um lápis para controlar as suas habilidades manipulatórias e o nível dos seus desenhos, mas Nadia fez apenas uma garatuja. Só desenhava com uma esferográfica. Que componente fundamental da mente e da vida de Nadia teria permanecido ignorado, se não descobrissem que a sua capacidade só se revelaria através de uma esferográfica!

Nadia, como dissemos, era rapidíssima no desenho, mas lentíssima em todas as demais atividades. Na escola, quase

Fig. 3. Desenho de Nadia aos 6 anos e 4 meses aproximadamente.

nunca conseguia acabar de comer durante o intervalo; quando saía com os pais e com os irmãos, sempre ficava para trás no caminho. No entanto, sabia traçar as linhas de um desenho como o da figura 1 num instante, unindo-as sem a menor hesitação. Nadia desenhava em qualquer lugar: nas agendas, em livros, nos calendários, bem como nas folhas em branco, que logo acabavam com o uso contínuo.

Quando desenhava, Nadia (fato muito importante) não tinha diante de si um modelo para reproduzir. Poucos eram seus contatos com o mundo exterior, sendo provavelmente atraída pelos objetos vistos em casa, em particular pelas figuras encontradas num livro, num calendário. No caso dos cavalos, foi possível descobrir algumas fontes de seus desenhos.

Nadia, porém, *transformava e combinava* dentro de si os vários modelos, deles dando uma *sua* reprodução original. Assim, no caso dos cavalos, mas também dos outros animais, como o pelicano (fig. 2) e o galo (fig. 3), Nadia acrescentava detalhes aos originais, mudava a perspectiva, a dimensão das figuras. Desenhava com base na memória, não a partir do modelo. É interessante o caso do patinho desenhado pela sua psicóloga, para que Nadia recopiasse. Em vez do pato, Nadia desenhou um galo, demonstrando considerar semelhantes ambos os animais, enquanto aves, e, ao mesmo tempo, preferir o seu modelo interior. Uma única vez desenhou o rosto da sua psicóloga, depois de tê-lo estudado durante vários minutos. Em todo caso, são poucas as representações de figuras humanas. Um detalhe em que Nadia se concentrava eram os pés e os sapatos, que reproduziu várias vezes sem o resto do corpo. Para quem não está familiarizado com o desenvolvimento do desenho de crianças, vejam-se os animais representados por crianças "normais" de 6-7 anos (fig. 4). À parte a pobreza das formas e dos detalhes em relação aos desenhos de Nadia, sobressai a falta de perspectiva e profundidade. Nadia já conseguia transformar uma figura, em si bidimensional no papel, no respectivo objeto real em três dimensões (p. ex., o cavalo), mesmo que nunca o houvesse visto de verdade, em sua tridimensionalidade real. Em seguida, Nadia retransformava a sua representação interna tridimensional do objeto numa representação bidimensional do papel, conseguindo, porém, com a utilização judiciosa da perspectiva, figurar eficazmente a tridimensionalidade real. Essa operação se realiza tardiamente nas crianças; de fato, seus primeiros desenhos contêm figuras planas, alinhadas sem se destacarem em profundidade umas das outras. Embora na idade adulta as indicações de perspectiva estejam presentes, sabemos perfeitamente que nem todos os adultos sabem utilizá-las como um artista e, seguramente, não tão bem quanto Nadia.

Nadia era filha de imigrantes — o pai ucraniano, a mãe polonesa. A língua falada em casa era o ucraniano, embora os dois irmãos de Nadia também falassem inglês. Assim, as primeiras palavras de Nadia foram em ucraniano, aos nove meses.

Fig. 4. Desenhos de crianças entre 6 e 7 anos.

Mas aquelas palavras logo foram esquecidas, e Nadia isolou-se num mutismo interrompido apenas por algumas palavras que só ela entendia. Quando constataram que Nadia não falava, pensaram que, se tinha de aprender uma língua, esta deveria ser inglês. Assim, dirigiam-se a ela em inglês, embora entre si falassem em ucraniano. Aos 3 anos, mais ou menos, Nadia foi confiada à avó paterna, que só falava ucraniano, porque a mãe havia sido hospitalizada com câncer. Nos meses em que a mãe ficou no hospital, Nadia permaneceu fechada num quartinho. Ficou felicíssima quando a mãe voltou, poucos meses depois, e concedeu-lhe particular atenção, sentindo-se culpada por ter deixado a filha sozinha. Foi nesse período que

Fig. 5. Desenho de Nadia aos 3 anos e 5 meses aproximadamente.

Nadia começou a desenhar. Tinha cerca de 3 anos e meio e começou com os cavalos, como se vê na figura 5, desenhada aos 3 anos e 5 meses, aproximadamente; além dos cavalos, notem o cavaleiro e o cachorro, no centro, à direita. A mãe morreu alguns anos depois, quando Nadia tinha cerca de 8 anos. Entrementes, Nadia entrou numa escola para crianças autistas (que apresentavam desligamento da realidade exterior e criação mental de um mundo autônomo). Poucos anos depois, Nadia demonstrou uma notável melhora nas relações sociais e na compreensão e expressão verbal. Era capaz de pedir espontaneamente o que queria, contar, fazer adições e subtrações simples, e progredia na leitura e na escrita. Mas perdeu seu grande talento para o desenho. Nadia não desenhava mais espontaneamente, mas só se lhe pedissem, e a qualidade dos desenhos, embora ainda boa, já não era extraordinária como antes. O comentário final a esta história, nas palavras de Elizabeth Newson, a primeira psicóloga a encontrar Nadia, é o seguinte: "É uma tragédia? Para nós, que gostamos de surpresas, talvez seja. Para Nadia talvez baste *ter sido* uma menina maravilhosa. Se a perda parcial do seu dom é o preço a pagar pela linguagem — mesmo se aquele pouco de linguagem, apenas suficiente para introduzi-la numa espécie de comunhão de discurso com o seu pequeno mundo protegido — devemos, acho eu, estar prontos para pagar tal preço, pelo bem de Nadia".

Arte e mancinismo

Já que Nadia não falava, mas desenhava — e de maneira excepcional —, revela-se, neste caso, a possibilidade de uma separação entre as duas capacidades, as duas funções do cérebro: a função verbal (compreender e expressar-se pela linguagem) e a função visual espacial (realizar as transformações bitridimensionais, reconhecer formas complexas, reconhecer as faces etc.). Essa distinção fundamental está ligada à especialização funcional dos dois hemisférios do cérebro humano. O hemisfério esquerdo tem as funções verbais; o direito, as funções visual-espaciais. Os dois hemisférios são separados anatomicamente um do outro, mas podem comunicar-se e interagir através de feixes de fibras nervosas (fig. 6). Essa especialização nos dois hemisférios verifica-se na grande maioria dos indivíduos. Uma contraprova disso é a observação do efeito de lesões num dos dois hemisférios cerebrais, por causa de um tumor, de um distúrbio vascular, de uma ferida produzida num desastre de automóvel ou por uma bala ou estilhaço, na guerra: conforme o hemisfério atingido, direito ou esquerdo, haverá uma perda específica de uma ou outra função. O caso mais conhecido é a perda da linguagem, um distúrbio que concerne tanto à compreensão (afasia sensorial), como à produção de palavras e frases com significado (afasia motora). As afasias são, geralmente, devidas a lesões do hemisfério cerebral esquerdo. Se a lesão for nas áreas posteriores (lobo temporal, ver fig. 7), é particularmente atingida a função de análise da informação verbal, enquanto lesões anteriores (lobo frontal) causam alterações na função de produção verbal. A afasia é

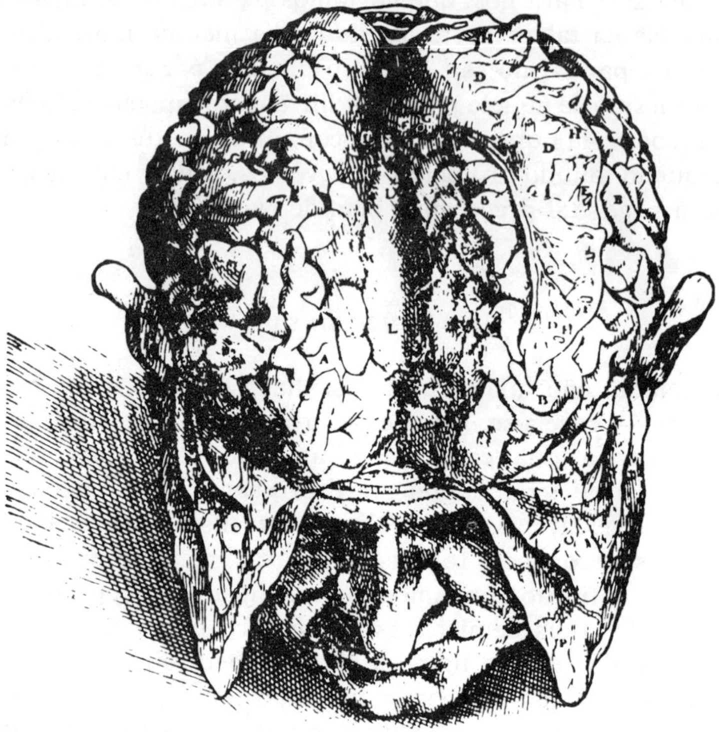

Fig. 6. Os dois hemisférios cerebrais num desenho de 1543 de Andrea Vesalio.

um distúrbio conhecido não tanto por ser muito mais freqüente que os outros, mas pelo papel importante que a linguagem desempenha nas relações interpessoais. Assim, percebemos imediatamente que uma pessoa compreende mal o que lhe dizemos ou se exprime com dificuldade. Outros distúrbios, denominados agnosias (a agnosia visual, por exemplo, é a incapacidade de reconhecer formas visuais relativamente complexas, como um desenho, um rosto etc) e apraxias (incapacidade de realizar seqüências de movimentos, por exemplo, vestir-se, escovar os dentes, acender um cigarro etc), só se tornam evidentes se tivermos a oportunidade de observar o paciente realizar determinada ação, ou quando este é submetido a testes específicos.

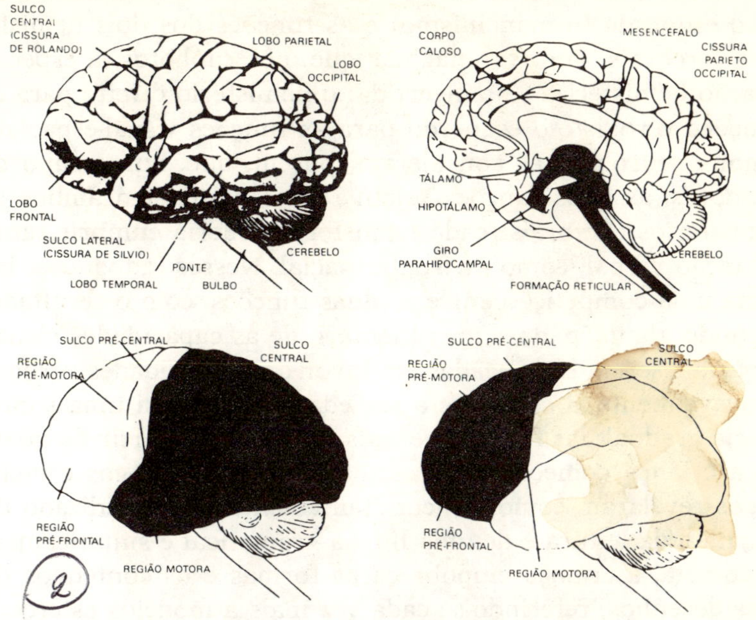

Fig. 7. As três unidades funcionais do cérebro humano segundo Luria: a unidade do sono e da vigília (em cima, à direita), a unidade da análise, codificação e memorização da informação (embaixo, à esquerda) e a unidade da programação e controle do comportamento (embaixo, à direita).

É importante notar que há uma relação entre a especialização hemisférica e a dominância da mão. Em mais de 90% dos indivíduos a cujo hemisfério esquerdo competem as funções verbais, a mão dita dominante — porque utilizada para escrever, desenhar, martelar etc. — é a direita. O resto dos indivíduos utiliza a mão esquerda, ou ambas as mãos (ambidestros). Um hemisfério cerebral controla diretamente os movimentos da mão contralateral (o hemisfério esquerdo controla a mão direita e o hemistério direito, a mão esquerda). Quando um hemifério sofre uma lesão, a mobilidade da mão contralateral é, geralmente, perturbada (bem como outras partes do corpo, sempre do lado oposto). Portanto, um indivíduo com lesão no hemisfério esquerdo terá tanto distúrbios de linguagem, como dificuldade nos movimentos da mão direita.

Há muitos estudos sobre a relação entre a dominância da mão esquerda (o mancinismo) e as funções dos dois hemisférios cerebrais. Pode-se imaginar que, nos canhotos, a especialização hemisférica seja invertida: o hemisfério direito para as funções verbais e o esquerdo para as funções visual-espaciais. Alguns neurologistas consideram, porém, que, num grupo de canhotos, as duas funções sejam representadas em ambos os hemisférios cerebrais: cada hemisfério poderia cumprir tanto a função verbal, como a visual espacial. Nesses indivíduos, haveria uma competição entre as duas funções, com o resultado, segundo alguns dados experimentais, de as capacidades visual-espaciais serem sacrificadas em favor das capacidades verbais. Provavelmente, a cultura e a sociedade favorecem uma supremacia gradual das funções verbais, ao menos a partir de quando a criança começa a ir à escola. Muitos psicólogos e pedagogos revelaram como, concomitantemente ao aprendizado da escrita e da leitura e de uma língua gramatical e sintaticamente correta, a criança empobreça as formas e os conteúdos de seus desenhos, referindo-se cada vez mais a modelos estereotipados, a menos que seja motivada em sua criatividade. Pode-se prever, porém, que alguns indivíduos canhotos apresentem uma solução diferente para a sua competição hemisférica. Neles, poderia vencer a função visual-espacial. Nos canhotos cujo hemisfério esquerdo é especializado para a linguagem, como na maior parte dos indivíduos, o hemisfério direito — especializado nas funções visual-espaciais — controla diretamente a mão esquerda.

Um dado muito interessante concerne, de fato, à presença de um elevado número de canhotos entre os artistas, em maior proporção que entre indivíduos heterogêneos quanto à profissão. Se tomarmos ao acaso cem indivíduos adultos, poderemos descobrir que os canhotos são cerca de seis (na população italiana). Mas se só escolhermos os que têm uma profissão artística ou estudam, há alguns anos, as artes visuais, então os canhotos são muito mais numerosos. Assim, os psicólogos Mebert e Michel puderam relatar, confrontando estudantes de um instituto de artes e estudantes de uma escola não-artística, que, de 28 canhotos (num total de 204 estudantes), 21 eram

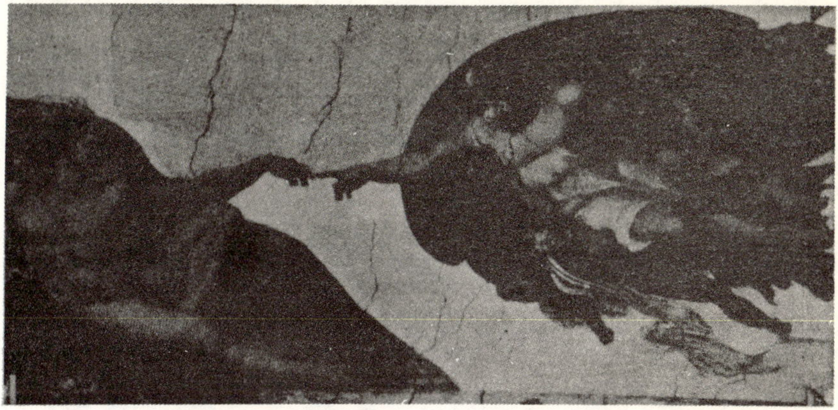

Fig. 8. Michelangelo, *A criação do Homem* (Capela Sistina).

estudantes de artes. Nas pesquisas de Peterson e Lansky descobriu-se que, entre os arquitetos, há uma abundância de canhotos. Lansky, um arquiteto canhoto, tendo notado que muitos de seus colegas preferiam, como ele, a mão esquerda, pediu a Peterson, um psicólogo destro, para pesquisar esse fato curioso. De dezessete professores da faculdade de arquitetura, cinco eram canhotos, sendo que dois desde pequenos. De 484 estudantes, 79 (16,3%) eram canhotos. Quando se verificou quem havia obtido o diploma no fim dos seis anos de curso, constatou-se que 58 dos 79 canhotos haviam sido diplomados, contra apenas 251 dos 505 destros.

Para além dessas cifras, que pertencem à safra dos estudos contemporâneos sobre as funções dos dois hemisférios cerebrais (e a relação com a dominância manual), devemos recordar que a relação entre o mancinismo e o talento artístico foi observada há muito tempo. Os casos mais notórios são Michelangelo e Leonardo da Vinci, ambos canhotos. Já chamaram a atenção para o fato de que, no teto da Capela Sistina, Michelangelo pintou Adão recebendo a vida, de Deus, com a mão esquerda (fig. 8). As interpretações podem variar: de uma exigência pictórica de representar as duas figuras com o torso virado para o observador, sem que as mãos se cruzassem, cobrindo-se parcialmente, à expressão do homem-símbolo (Adão) como naturalmente canhoto. O emprego da "escrita especular" (escrever de maneira invertida, como a imagem refletida por um espelho) por Leonardo seria uma manifestação do seu mancinismo. No *Código Atlântico,* Leonardo escreveu centenas de folhas invertendo as letras e procedendo da direita para a esquerda (ver adiante pp. 121-25). Essa capacidade de inverter as formas relaciona-se às propriedades de transformação e rotação das formas visuais. Poderia ser própria do hemisfério direito e ser maior, portanto, nos canhotos. Lewis Carroll, o autor de *Alice no País das Maravilhas* e *Através do Espelho,* utilizou freqüentemente a "escrita especular", tanto em sua correspondência privada como em seus livros:

> "Havia um livro em cima da mesa perto de Alice, e enquanto observava o Rei Branco (pois estava ainda um tanto temerosa de que ele desmaiasse outra vez e conservava sempre à mão o tinteiro para essa eventualidade), folheou-o um pouco, procurando algo que pudesse ler — 'pois está escrito em alguma língua que não conheço', dizia para si mesma. Era qualquer coisa assim:
>
> JAGUADARTE
> Era briluz. As lesmolissas touvas
> Rodeavam e relviam nos gramilvos.
> Estavam mimsicais as pintalouvas
> E os momirratos davam grilvos.
>
> Contemplou intrigada essas linhas durante algum tempo, até que uma idéia luminosa lhe ocorreu: 'É claro, só pode ser, é um livro do Espelho! Se eu colocá-lo diante do espelho as palavras vão ficar na ordem certa outra vez' ".

Para alguns cérebros, porém, não é preciso quebrar a cabeça, o direito é igual ao inverso.

Lewis Carroll não só gostava de escrever invertido, mas também gaguejava. A gagueira tem sido freqüentemente relacionada ao mancinismo, a uma dificuldade de expressão verbal que poderia derivar daquela competição funcional entre os dois hemisférios a que aludimos. Todavia, não se sabe ao certo se o escritor inglês Charles Ludwig Dodgson (o verdadeiro nome de Carroll) era canhoto.

Os canhotos teriam uma sensibilidade maior que os destros, seriam amantes do belo, artistas em potencial, dotados de forte sensualidade. Esses atributos do mancinismo foram afirmados em diferentes épocas e acrescentou-se a eles a idéia de que o canhoto pode degenerar na criminalidade e na perversão sexual. Não por acaso, disseram, Michelangelo e Leonardo eram canhotos, mas também homossexuais e, por sua vez, o autor de *Alice* tinha uma paixão anômala por menininhas. A direita, símbolo do justo ("a mão direita de Deus é cheia de justiça", *Livro dos Salmos)*, do masculino. A esquerda, símbolo do corrupto, do feminino. Daí a repressão do mancinismo e, reciprocamente, os repetidos apelos à tolerância quanto ao uso da mão, lançados desde Platão ("Os que consideram o lado esquerdo inferior ao direito agem contrariamente à natureza") e Rousseau, em seu livro *Émile*, acerca da educação ("deixe a criança usar ambos os braços, deixemo-la acostumar-se a dar ambas as mãos, a usar uma ou outra indiferentemente"), até os movimentos mais recentes surgidos nos Estados Unidos para difundir uma "cultura ambidestra".

Convergem no mancinismo os fatores sociais e culturais relativos à educação, mas em estreita conexão com a organização cerebral de que a criança dispõe nos primeiros anos de vida. Essa organização, com a especialização funcional dos hemisférios, pode ser definida antes do nascimento por uma série de mecanismos genéticos, mas deve entrar em relação com os estímulos efetivos do ambiente para poder desenvolver-se. Na mais comum (o hemisfério direito para as funções visual-espaciais, o esquerdo para as funções verbais e a dominância da mão direita), uma criança usará essa predisposição funcional, geneticamente recebida pelos cromossomos de seus pais, para exprimir-se e conhecer o mundo através da linguagem e da visão. Essa predisposição pode tomar outro rumo, se um traumatismo qualquer bloquear um hemisfério, obrigando todo o cérebro a reorganizar-se, nos primeiros anos de vida, para suprir essa deficiência. Ou, então, a predisposição é aquela menos comum aos canhotos, com as funções invertidas nos dois hemisférios ou representadas em ambos. Pode ocorrer que esses indivíduos também tenham uma interação com o ambiente que se harmonize com a sua organização funcional cerebral, ou que essa harmonia não se verifique (por exemplo, o mancinismo é reprimido), ou, ainda, que um traumatismo complique a organização que se vai desenvolvendo nessas crianças.

Nadia era canhota. Aqueles seus traços velocíssimos eram feitos precisamente com a mão esquerda, como era de se esperar num artista de grande talento. Não foi possível verificar, com as técnicas neuropsicológicas empregadas nesse tipo de estudos, se Nadia tinha o hemisfério esquerdo dominante (como se diz) para a linguagem e o direito para a função visual-espacial. O certo é que Nadia traduzia seu mundo visual interior em folhas de papel, empregando a mão esquerda. Os eletroencefalogramas indicaram alguma anomalia, mas não podiam ser, por si só, um indicador de lesão cerebral. Considerando, porém, essa anomalia juntamente com o atraso motor, com os outros resultados de exames de metabolismo e endocrinológicos e com a configuração somática, Nadia era considerada uma menina afetada por um mal cerebral mínimo, de causas ignoradas. Essa condição inicial não foi, decerto, a razão de suas grandes capacidades artísticas, nem do seu autismo. Talvez Nadia tenha vindo ao mundo com uma representação bilateral nos hemisférios cerebrais, como a que se constata freqüentemente nos canhotos. Isso teria dado lugar a uma competição funcional entre a linguagem e a visão. Algum fato, porém, complicou a solução dessa competição: uma lesão cerebral, embora mínima, retardou o desenvolvimento psicomotor de Nadia, o que, por sua vez, produziu uma resposta ambiental inadequada, compreensível no núcleo familiar em que crescia. Falavam em inglês a Nadia; no entanto, as primeira palavras, depois esquecidas, foram em ucraniano, e todo o resto da família falava em ucraniano. Quando um período de atenção e afeto particular reativou o mundo interior de Nadia, a competição não encontrou seu desenlace na linguagem, mas explodiu no desenho. Essa é apenas uma hipótese sobre o desenvolvimento excepcional das capacidades de representação visual numa menina de três anos e meio, cuja vida se lhe apresentara complicada desde cedo, devido a uma infortunada combinação de fatores variados: a organização particular do cérebro com que nascera, uma lesão cerebral mínima e um ambiente familiar não muito favorável.

Nadia representa um caso raro de interação entre um cérebro específico e o ambiente, mas sua relação entre o mundo verbal e o mundo visual, nela tão extremada, é encontrada, em medidas e formas diversas, entre os que escolheram a arte para comunicar-se com o mundo, um número menor, mas não menos significativo, de indivíduos, em comparação com os que escolheram a palavra.

Falar, com que cérebro?

Genie

Nadia tinha, provavelmente, um cérebro peculiar já ao nascer, e as coisas complicaram-se ainda mais nos primeiros momentos da sua vida. O cérebro de Genie, uma menina americana nascida em 1957, ao contrário, era dos que são definidos como normais, com a especialização do hemisfério esquerdo para a linguagem e a mão direita como dominante. Para sua infelicidade, porém, seu cérebro entrou em contato com um ambiente familiar, esse sim, muito peculiar.

A mãe de Genie teve três filhos antes dela. O primeiro (uma menina) morreu aos dois meses e meio, de pneumonia: o pai, para não ouvi-la chorar, a havia trancado na garagem. O segundo (um menino) morreu com apenas dois dias, sufocado por seu muco. O terceiro (um menino) superou os primeiros meses e cresceu sadio, mas de acordo com as ordens do marido, a mãe reprimiu-lhe todo choro e todo movimento. De modo que essa criança logo mostrou um atraso psicomotor, que só um período de tranqüilidade em casa da avó materna permitiu-lhe recuperar.

Genie, também nascida normal, cresceu bem nos primeiros meses de vida, mas, ao cabo de um ano, sofreu uma perda impressionante de peso. Aos 14 meses, contraiu pneumonia, tendo sido examinada por um pediatra que constatou um atraso psicomotor. Foi então que o pai considerou oportuno relegar Genie ao isolamento mais completo possível. E a situação familiar piorou quando a avó paterna morreu, atropelada por um caminhão. O pai mudou toda a família para a casa do seu pai, destinando um quartinho para Genie. Ali, iria permanecer durante anos, presa a uma cadeira, podendo movimentar apenas os pés e as mãos. Às vezes, de noite, era posta numa caminha e, finalmente, podia deitar-se. Mas ficava numa espécie de camisa-de-força: a cama não era senão um berço com laterais e um "teto" de rede metálica. Ninguém podia entrar no quarto de Genie, a não ser para dar-lhe um pouco de comida: papinhas, cereais e, no máximo, um ovo cozido. Devia reinar o silêncio mais absoluto em casa, não havia rádio nem televisão. No início, Genie emitia alguns sons, mas o pai entrava e dava-lhe uma surra. O cacete, com que a espancava, ficava num canto do quarto, bem à vista, para recordar a Genie que devia ficar calada. Genie ouvia alguns sons, não obstante: o barulho do banheiro, que ficava ao lado do seu quarto e, principalmente, os grunhidos que o pai fazia atrás da porta para amedrontá-la, imitando um cachorro. Estando dentro de casa, nos fundos, Genie não podia ouvir nem mesmo os ruídos da rua. Eram paupérrimos também os estímulos visuais. Havia uma pequena abertura no alto das janelas do quarto: talvez visse um pedacinho de céu. Não havia cortinas na janela, os únicos móveis eram a cadeira de criança e o berço. A mãe apanhava do marido e pouco conseguia fazer contra aquele terror. Os poucos cuidados dispensados a Genie eram os do irmão, a quem, no entanto, o pai obrigou a comportar-se como ele: como um cão que rosnava e mostrava os dentes. O pai achava que Genie morreria antes dos 12 anos. Estava disposto a tratar dela, se sobrevivesse além daquela idade. Mas, quando Genie fez 12 anos, a promessa não foi cumprida. A mãe, que havia ficado cega, não conseguia sequer discar os números do telefone para pedir socorro e o marido a proibia de chamar seus pais, que moravam perto. Só cerca de um ano depois, quando houve uma briga tremenda entre os dois, a mãe conseguiu que ele chamasse os parentes dela. Genie e a mãe foram morar na casa da avó materna. Algumas semanas depois, a mãe foi aconselhada a tratar-se num instituto de assistência aos cegos. Indo com Genie ao instituto, a mãe errou de edifício e encontrou dois funcionários que, constatando as condições da menina e questionando a mãe, logo perceberam a situação e avisaram a polícia. Genie foi internada num hospital por subnutrição (aos 13 anos e meio pesava 27 kg). No dia do julgamento o pai se matou, deixando escrito: "O mundo nunca compreenderá".

Tiramos essa história incrível, que veio à luz em 1970, numa florida cidade da desenvolvida Califórnia, do livro da psicóloga Susan Curtiss, que ilustra a pesquisa neuropsicológica feita com Genie e as etapas da sua reabilitação. Essa história se assemelha a tantas outras de crianças abandonadas e encontradas mais tarde, as chamadas "crianças selvagens", crescidas nos bosques, alimentadas sabe-se lá como, talvez com o leite de uma loba, como na lenda de Rômulo e Remo, e que retornaram à sociedade com gravíssimas carências senso-motoras e psicológicas. Esses casos interessaram muito aos estudiosos de outrora, sobretudo dos séculos XVIII e XIX, pois podiam servir para compreender qual o efeito da educação, da cultura e da sociedade em geral sobre o desenvolvimento psicológico de um indivíduo: se ele já nascia tendo na cabeça todos os conceitos principais ou os adquiria através da educação. Assim, perguntaram a Kaspar Hauser (o caso do "rapaz selvagem" encontrado em Nurenberg, em 1828, e admiravelmente contado no filme de Herzog) se ele tinha o conceito de Deus. De acordo com as concepções correntes, ele devia trazer esse conceito dentro de si desde o nascimento. Mas Kaspar, que vivera cerca de 17 anos num porão escuro, sem nenhum contato social, teria respondido: "Primeiro devo tentar compreender melhor *às coisas que vejo*. Depois, poderei compreender o resto" (grifo nosso).

Em relação ao caso de Kaspar Hauser, ou ao do "menino selvagem do Aveyron", também bastante conhecido (trata-se do menino encontrado na França, em 1798, aos 11 anos de idade, cuja história foi ilustrada no livro do médico Jean Itard e retomada, recentemente, no belo filme de Truffaut), o caso de Genie tem a vantagem de ter sido estudado com as modernas técnicas de pesquisa neuropsicológica e à luz das mais avançadas teorias sobre a organização funcional do cérebro.

Genie não é uma menina que se isola, como Nadia: ela é

curiosa, viva. Mas não sabe ficar de pé, caminha mal, oscilando de um lado para o outro. Nunca tendo comido alimentos sólidos, não sabe mastigar. Não sabe controlar as fezes e a urina. Tendo vivido num ambiente restrito, sua vista não vai além da distância da porta do seu antigo quarto (quem viu o filme de Herzog, lembrar-se-á do diálogo de Kaspar com o seu instrutor, de que se depreende a distorção das distâncias e da percepção do espaço, causada pelo isolamento num campo de visão limitado). Genie gostaria de comunicar-se, mas não sabe como fazê-lo. Não sabe emitir nenhum som com a boca. Usa seu corpo para emiti-los: arranha os objetos, bate os pés. No hospital, tinham a impressão de que alguma coisa Genie compreendia. De fato, ficava muito atenta quando falavam com ela, mas parecia que, para entender o que queriam dizer-lhe, precisava complementar as palavras com a observação dos gestos ou de algum outro sinal — um sorriso, um olhar, talvez. Tendo começado a ser tratada em 1970, já em meados de 1971 havia melhorado sensivelmente, tanto fisicamente como nas relações sociais. Genie era atentíssima e procurava aprender tudo o mais depressa possível. Há muitos episódios durante o período em que Genie estava no hospital que demonstram a sua grande curiosidade. Quando saíam com ela para passear, para uma visita, a porta das casas atraíam-na. Parava diante delas, à espera de alguma coisa, ela, que durante anos deve ter pensado que, detrás da porta do seu quartinho, devia haver outro mundo. Agradavam-lhe muito as grandes lojas, inspecionava todos os objetos, em particular os de plástico colorido, durante minutos e minutos. No verão de 1971, Genie foi adotada por uma família onde encontrou dois irmãos, uma irmã, um cachorro, um gato e um quarto com banheiro só para ela. Genie não tinha um comportamento simples com outras pessoas, mas a nova família estava disposta a compreendê-la e encorajá-la a crescer e melhorar. O único problema era o cachorro, de que tinha um medo incrível. Não sabendo a causa desse medo, acharam que o pavor pelo cachorro fosse irracional. Graças à pressão da família, em poucos dias Genie aprendeu a não ter mais medo do animal, não fugia, acariciava-o, dava-lhe de comer. Alguns meses depois, a mãe adotiva encontrou Genie petrificada, incapaz de mover-se, diante do quadro de um lobo. Procuraram saber, com a mãe de Genie, se podia haver algum motivo para aquele pânico e descobriram que o pai se comportava como um cão raivoso. Não obstante isso tudo, Genie havia conseguido superar o medo do cachorro da casa, demonstrando, mais uma vez, sua grande vontade de mudar.

A linguagem do hemisfério direito

Quando Genie foi descoberta e perceberam que ela não sabia falar, colocou-se, aos psicólogos que deviam tratá-la, uma grande interrogação. Segundo autorizados estudos sobre a linguagem, essa função tipicamente humana se desenvolve por interação entre o cérebro do homem — que possui, geneticamente, a potencialidade da linguagem — e o ambiente social. Essa interação deve acontecer num perído crítico, fixado aproximadamente entre dois anos e a puberdade. Nesse período, amadureceria no cérebro a possibilidade de interagir com o ambiente e pôr em ação a capacidade de falar. Porém, se o ambiente não intervém naquele período, mas só antes dos dois anos ou depois da puberdade, o cérebro não seria mais capaz de concretizar suas capacidades verbais. Parece que Genie começou a apresentar alguns fragmentos de palavras antes dos dois anos mas, depois, a privação lingüística de parte do ambiente foi quase completa. Logo, ela não deveria mais ter tido a possibilidade de adquirir a linguagem. No entanto, começou a compreender paulatinamente as palavras e, pouco a pouco, a exprimir com elas as suas curiosidades e necessidades. Os psicólogos perguntaram-se como é que o cérebro de Genie, embora privado de um estímulo ambiental adequado, conseguiu adquirir uma função que deveria estar perdida irremediavelmente.

Genie foi definida uma "pensadora com o hemisfério direito". De fato, em muitos testes visuais, para os quais considera-se seja utilizado o hemisfério cerebral direito, os pontos obtidos por Genie eram sempre superiores, ou, em todo caso, não inferiores, aos obtidos por indivíduos da sua idade. Para

Fig. 9. Vultos humanos usados nas experiências de reconhecimento dos rostos por C. Mooney. O observador deve reconhecer se o rosto é de um homem ou uma mulher, de um jovem, de um velho ou de uma criança.

os rostos, tinha uma capacidade estupenda de reconhecimento. Era capaz de reconhecer uma pessoa que encontrara casualmente muito tempo antes, ou que só vira em fotografia. Um teste visual difícil para indivíduos que tenham uma lesão no hemisfério direito é o de reconhecer desenhos, como os da figura 9, em que são representados rostos. Neste teste, Genie conseguiu um número de pontos elevadíssimo, que nenhum indivíduo "normal", adulto ou criança, parece ter jamais obtido. Por outro lado, a linguagem que ela recuperou progressivamente não era perfeita. Assemelhava-se à de adultos submetidos a uma operação cirúrgica com ablação do hemisfério esquerdo. Esses indivíduos devem tentar recuperar as capacidades verbais através do hemisfério direito. É, então, um cérebro diferente do precedente, um outro cérebro, que deve incumbir-se das funções visuais-espaciais passadas e das novas funções verbais. As características da linguagem desses "cérebros direitos" são um conhecimento de vocábulos maior que o domínio das regras sintáticas, melhor compreensão do sentido de uma frase que da sua construção sintática, maior capacidade de compreensão da linguagem que da sua produção. Assim, Genie podia dizer "Hospital não ficar", ou "Eu não ir compras", demonstrando um uso não evoluído da gramática e da sintaxe, mas comunicando seus desejos. Encarregando-se do aspecto comunicativo propriamente dito da linguagem (geralmente controlado pelo hemisfério esquerdo), o hemisfério direito perdera, contudo, as características específicas da sua contribuição indireta à comunicação verbal.

O hemisfério direito controlaria os aspectos emotivos, afetivos da linguagem, quando, com a entonação de uma palavra se comunica o ódio ou o amor. "Bom-dia" pode ser dito com mil nuanças diferentes, comunicando, assim, a quem é dirigido, o estado de espírito de quem fala. O hemistério direito seria especializado em julgar essas entonações, essas nuanças para lá da palavra — igual, esta última, em todas as ocasiões, mas diferente conforme seja pronunciada. Genie aprendera a linguagem, podia dizer "Genie fome", "Genie banheiro", mas não conseguia transmitir nas palavras aquela carga emocional, os sentidos implícitos que uma palavra possui. Vygotski, um grande psicólogo soviético, autor de um livro extraordinário sobre as relações denominado *Pensamento e Linguagem*, publicado em 1934, poucos meses depois da sua morte, aos 38 anos apenas, escreveu que o significado máximo da linguagem, no homem, é precisamente a transmissão, mediante a palavra, de um sentido oculto, de um sentimento de amor ou outra paixão. Vygotski citava um trecho da *Anna Karenina*, de Tolstói, que mostra como, entre duas pessoas que falam e conhecem o conteúdo da sua conversa, possam bastar poucas palavras ou, até, simples letras, para elas se entenderem. O sentido oculto de uma frase pode ser comunicado por uma entonação particular da voz, bem como por uma palavra precisa, de que só os dois interlocutores têm conhecimento.

"Ninguém entendeu o que (o moribundo Nicolai Levin) disse, somente Kitty. E entendeu porque seu pensamento concentrava-se em tudo de que ele podia necessitar" [trecho de Tolstói].

"Poderíamos dizer", escreve Vygotski, "que, no pensamento dela, que seguia os do moribundo, estava presente o mesmo tema a que se referia a palavra dita pelo doente, que ninguém compreendera. O exemplo mais notável, porém, é o da declaração de amor entre Kitty e Levin, feita unicamente por meio das iniciais de algumas palavras:

"— Faz tempo que gostaria de perguntar-lhe uma coisa.

— Pergunte, por favor.

— É o seguinte — disse ele, e escreveu as iniciais q, v, m, r: n, e, p, s, n, o, e.

Essas iniciais significavam: *quando você me respondeu 'não é possível', significava 'nunca' ou 'então'*? Parecia impossível que ela fosse capaz de compreender aquela frase complicada.

— Entendi — disse ela, enrubescendo.

— Que palavra é essa? — perguntou, indicando o n, com que era designada a palavra 'nunca'.

— Esta palavra quer dizer *nunca* — disse ela —, mas não é verdade!"

Genie conquistou a linguagem, mas a linguagem automática: a uma pergunta, uma resposta. A linguagem de uma máquina, de uma macaca que soubesse dizer "Pôr banana prato", como, recentemente, chimpanzés aprenderam nos Estados Unidos a pedir comida utilizando as palavras do homem. Genie conquistou a linguagem, mas não a linguagem aprendida com os pais, os professores, quando aprender as palavras corresponde a tecer, pouco a pouco, as suas relações com os outros na família e na escola. Genie não saberá comunicar, mediante a linguagem, seu mundo de sentimentos, mas nem por isso é vazia dentro de si, não reflete sobre a sua vida e as pessoas que a rodeiam. Quero terminar essa história, que é triste mas encorajadora, pelas possibilidades que nos indica sobre a força de uma menina frágil para conquistar seu mundo, com dois desenhos que, com razão, sua psicóloga, Susan Curtiss, colocou no início e no fim de seu livro. Na figura 10 está reproduzido um desenho feito em inícios de 1977. Primeiro, Genie só desenhou a figura grande, a mãe, sob a qual pôs a legenda: "Eu miss Mamãe". Depois, tornou imediatamente a desenhar e, mal tendo acabado, pegou a mão da sua psicóloga pedindo-lhe para escrever "Baby Genie". Em seguida disse, indicando o braço esquerdo da mãe, "Mão de Mamãe", que escreveu letra a letra, ditadas pela psicóloga. Depois, Genie apoiou-se ao encosto da cadeira e ficou olhando, toda contente, para o desenho — ela e sua mãe: fechara-se, finalmente, o círculo da sua infância. O outro desenho é de 1975 (fig. 11). Genie dizia "Quero Curtiss tocar piano". Genie gostava de ouvir Susan ao piano, ficava hipnotizada diante dela, ouvindo a música que nunca escutara. Preferia, porém, a música clássica. Quando Susan mudava, Ge-

Fig. 10. Desenho de Genie com a mãe.

nie tirava-lhe as mãos do teclado e dava-lhe uma partitura que continha a música que lhe agradava. Os desenhos de Genie não são tão refinados quanto os de Nadia, mas aquelas linhas entrecruzadas, de que emergem figuras não menos impressionantes, fazem-nos pensar num destino comum.

Dos muitos testes aplicados a Genie, resultou que ela efetuava as suas operações verbais certamente através do hemisfério direito. O hemisfério esquerdo, que não fora posto em ação no momento crítico, não responderia mais aos estímulos verbais ambientais. Assim, a linguagem ter-se-ia tornado o apanágio do hemisfério direito, mas com as limitações que vimos. O que significa perder um hemisfério cerebral e apoiar-se nas outras partes intactas do cérebro, para continuar sua vida cotidiana, pode-se depreender do que é contado por aqueles que viram-se, subitamente, nessa infeliz condição.

Quantos progressos fez o estudo do cérebro do homem, graças aos feridos no crânio, durante a I e II guerra mundiais ou na guerra do Vietnã! Um desses, um soldado russo ferido na guerra contra os alemães, em 1943, foi atingido na parte

Fig. 11. Desenho de Genie e Susan Curtiss ao piano.

posterior do hemisfério esquerdo. Por anos a fio, desde o primeiro período da sua permanência no hospital do *front*, ele foi seguido pelo neuropsicólogo Luria. Talvez, mais importante ainda que o tratamento dispensado por Luria, tenha sido a vontade daquele soldado, Zasetski, de reabilitar-se, reencontrar o mundo que perdera. Aquele ferimento lhe havia turbado o mundo dos pensamentos e das palavras.

Paulatinamente, Zasetski quis reconstruir o percurso da sua tragédia, esforçou-se em comprender o que acontecera a seu cérebro. Os pensamentos intrincavam-se em sua cabeça, ela não conseguia ordená-los, dar-lhes um sentido lógico. Quando falavam com ele, não compreendia; quando devia falar, não recordava as palavras necessárias, não sabia ligá-las entre si. No entanto, esse homem sobreviveu, numa cidadezinha, incerto quanto à orientação nas ruas outrora familiares, mas seguro diante do seu caderno de notas, que, com o tempo, amareleceu, escrevendo a sua história com as palavras que conseguia encontrar em sua mente:

"Do momento em que fui ferido, vivo uma espécie de vida incompreensível, dúplice. Por um lado, sonho ter-me tornado repentinamente um anormal, quase inteiramente analfabeto, cego, doente [...]. Comecei a pensar de maneira diferente, ou seja: que um homem não pode sonhar indefinidamente, tanto mais sabendo que os anos voam, um depois do outro [...]. Comecei a pensar que o que vejo é um sonho, um sonho terrível! Mas pensei também o contrário: não é um sonho, mas o resultado de um ferimento na cabeça! É necessário, então, aprender de novo todas as letras, para ler os livros [...]. Era-me difícil acreditar na realidade, mas esperava despertar do sonho (mas será isso um sonho?) [...]. Esse sonho é comprido demais, não existe na realidade. Os anos passam velozmente, percebo-o. Mas, se isso não é um sonho, é estar acordado, então por que a cabeça ainda me dói, zumbe e gira?"

O cérebro poliglota

Há quem, como Genie, descobre a linguagem através do hemisfério direito; há quem, como Zazetski, naufraga num sonho, devido à perda do hemisfério esquerdo. Seguramente, o fato de existirem dois hemisférios cerebrais — ou, como se diz, dois cérebros — é a condição necessária para o desenvolvimento do papel que a linguagem possui em nossa vida, para comunicar com os outros, organizar nossos pensamentos, transmitir nossos sentimentos. A interação entre os dois hemisférios parece, contudo, essencial, quando se fala duas ou mais línguas. Se, para falar, talvez baste um hemisfério cerebral, para falar mais de uma língua parece ser necessário mais de um.

Outrora, não se dava muita atenção aos raros casos de indivíduos bilíngües ou poliglotas, vitimados por uma lesão cerebral. Trata-se, em geral, de pessoas com uma história movimentada (imigrantes, refugiados políticos, muitos judeus fugidos da Alemanha durante o nazismo). Os acontecimentos da vida deles levaram-nos, crianças ou adultos, a adquirir outra língua, para sobreviver num mundo novo e, freqüentemente, hostil. Os casos, naturalmente, são inúmeros e variados. Há quem aprendeu uma nova língua em criança (por exemplo, o filho de emigrantes italianos que aprende o inglês), mas continua a falar a sua língua em família. Há, também, os que aprendem uma segunda língua já adultos; entre esses, há quem não tem mais oportunidade de falar a língua materna, ou quem passa continuamente de uma a outra língua. Os efeitos das lesões cerebrais sobre essas pessoas bilíngües ou poliglotas variam conforme o caso, o histórico. Só recentemente foi posto um pouco de ordem no estudo do "cérebro bilíngüe" (Albert e Obler), revendo tanto os casos de afasia (distúrbio da linguagem) dos poliglotas, como as experiências sobre sujeitos normais. Um dado relevante é que uma lesão do hemisfério direito produz distúrbios de linguagem só em 1 a 2% dos monoglotas, mas em 10% dos bilíngües. Portanto, o hemisfério direito revela-se importante, um auxílio fundamental para a aquisição e a expressão de uma nova língua. Parece, até, que possa ser dominante para uma língua, enquanto o esquerdo o é para outra. Podem ser casos desse tipo o de duas línguas — como o inglês e o hebraico, ou o inglês e o chinês — diferentes quanto às estratégias de leitura (o hebraico, ao contrário do inglês, é lido da direita para a esquerda), ou quanto ao tipo de escrita (o chinês se escreve com ideogramas, enquanto o inglês, como a maioria das línguas, escreve-se com um alfabeto composto de um número restrito de caracteres). A diferença, além disso, pode ser fonológica (ou seja, relativa aos sons da língua), como entre o francês e o inglês. Em todos esses casos, desenvolve-se uma organização cerebral necessária para a aquisição de uma nova língua. Essa organização é específica, segundo as características das línguas que interagem no cérebro do indivíduo poliglota, se estas são semelhantes ou não em suas características fonológicas, de escrita etc. Disso tudo dependem, também, os efeitos da lesão, pois serão diferenciados em relação ao caso específico, ao tipo de línguas faladas, à organização cerebral subjacente. Do mesmo modo, o processo reabilitatório também terá percursos diferentes. É exemplificativo o caso de um homem de negócios alemão que falava, além da língua materna, francês, inglês, espanhol e russo. Aos qua-

manifestou distúrbios de linguagem. Com surpresa, porém, a

primeira língua que readquiriu foi o inglês, uma língua que não falava há vinte anos; só depois recomeçou a empregar o espanhol e o alemão. A essa altura, o inglês tornou-se mais pobre que a língua materna. Outros indivíduos, ao contrário, recuperam primeiro a língua materna, mesmo se há tempos não a usavam. No cérebro dos poliglotas, o cruzamento dos circuitos é seguramente muito complexo. Roman Jakobson, um dos maiores lingüistas contemporâneos, recordou como, depois de um desastre de automóvel, traduzia simultaneamente, "sem nenhuma necessidade e de modo automático", para quatro ou cinco línguas, tudo o que pensava. Os circuitos daquele cérebro, profundo conhecedor de muitas línguas, devem ter endoidado...

A relação entre o cérebro e as funções da linguagem foi concebida com base nas pesquisas efetuadas com cérebros *monoglotas,* isto é, a maioria dos cérebros vivos. Dentro dessa, há uma "submemória", em que se estabeleceu ser o hemisfério esquerdo responsável pela linguagem, enquanto que, na minoria, o hemisfério direito ou ambos os hemisférios cerebrais podem estar implicados. Todavia, esse quadro, bastante real para a maioria das pessoas, não é válido para a organização cerebral dos indivíduos poliglotas. O hemisfério direito destes torna-se um componente essencial da organização cerebral das funções lingüísticas. Falar, ler e escrever são processos que requerem uma organização cerebral, mas esta pode seguir caminhos diferentes, ainda que alguns desses sejam mais comuns que os demais. O conceito fundamental a ser introduzido no estudo do cérebro humano é a variável individual. Um indivíduo aprende várias línguas, mas por quê? Seja por condições forçadas — a emigração, o campo de concentração, o exílio —, seja por um livre desenvolvimento do seu saber, é sempre devido a condicionamentos sociais e culturais específicos que o cérebro de tal indivíduo desenvolve a reorganização funcional necessária. Se o cérebro do homem, de um ponto de vista estritamente genético, pode ser considerado fora da história individual e da sociedade, a partir do momento em que fala ou produz outras funções psíquicas ele se torna tão-somente aquilo que a sua história individual e a sociedade em que age lhe permitem. Esse cérebro pode não falar uma língua universal, mas sim um dialeto ou uma língua culta, pode ser monoglota ou poliglota, mas será, de uma maneira ou de outra, marcado pela sua determinação individual e social. Um exemplo da estreita correlação entre organização cerebral e cultura a que pertence um indivíduo é dado pelos japoneses.

O cérebro dos japoneses

Som e emoção

Nos anos 40, a conhecida antropóloga Ruth Benedict foi encarregada pelo governo americano de estudar a cultura japonesa. Das pesquisas antropológicas talvez se obtivessem indicações úteis para as relações diplomáticas e militares entre os Estados Unidos e o Japão. Todavia, Benedict não conseguiu traçar mais que um perfil contraditório, provavelmente sem as indicações esperadas pelos serviços de informação que tinham financiado as pesquisas.

O título do livro que resultou da pesquisa, *O crisântemo e a espada,* resumia o retrato de um povo que, juntamente com os mestres do *ikebana,* também se exprimira nos samurais e nos *kamikazes.* Geralmente, considera-se que as características da cultura japonesa, os costumes desse povo, que tanto diferenciam-no do resto das culturas ocidentais e até mesmo asiáticas, são explicados pelo longo isolamento político cultural e social em que o Japão se encontrou até o século XIX. A escassez de contatos com outras culturas teria tornado o povo japonês um grupo étnico em si, dificilmente conhecível segundo os paradigmas interpretativos válidos para as outras culturas.

Costuma-se indicar, hoje, o cérebro dos japoneses como um dos exemplos principais das contradições desse povo. O livro do cientista Tsunoda, *O Cérebro dos Japoneses. As Funções Cerebrais e as Culturas do Oriente e do Ocidente,* foi um acontecimento, quando publicado em 1978, porque, pela primeira vez, era generalizado o significado dos estudos especializados sobre a organização cerebral, com o propósito de explicar as características da cultura de todo o povo japonês.

Em primeiro lugar, a especialização hemisférica nos japoneses não corresponde à que em regra geral é encontrada nos ocidentais. O hemisfério esquerdo japonês analisa a informação verbal, do mesmo modo que o ocidental, mas também efetua uma análise verbal de estímulos que, para nós, não têm um significado verbal: o ruído das folhas, o marulho das ondas, o canto dos passarinhos e das cigarras, o latido dos cachorros, e assim por diante. O hemisfério esquerdo japonês é especializado não só nas consoantes, que são um componente fundamental das línguas ocidentais, mas também na análise das vogais, que são básicas na língua japonesa ("Ooo oooo o o oooo", é uma frase em japonês inventada, de brincadeira, por Atuhiro Sibatani, que significa aproximadamente, "O rei às vezes esconde o seu séquito"; basta pensar, também, em nomes próprios Aoe, Iio, Ooi, Ui, Ae). Uma vez que, nessa língua, as vogais são essenciais, compreende-se que devam ser analisadas pelo hemisfério esquerdo. Para nós, uma sucessão de *us* pode indicar o som do vento, um *a* ou um *o* sozinhos podem significar surpresa. Para esses significados, não diretamente verbais, mas de caráter mais emocional, as vogais são analisadas no hemisfério direito dos ocidentais. No japonês, ao contrário, todo o mundo dos sons, da natureza e dos homens, tem um significado verbal, uma ressonância emocional. O hemisfério esquerdo, portanto, é mais carregado de informação, tanto lingüística quanto emocional.

A escrita japonesa

O mundo verbal dos japoneses não é especial apenas devido à análise efetuada pelo hemisfério esquerdo de uma série de estímulos que são apanágio do hemisfério direito dos ocidentais. A escrita japonesa é mais uma fonte de complexidades. Até cerca do século V depois de Cristo, os japoneses não tinham uma escrita própria. Esta derivou, naquela época, da China, com a qual o Japão iniciara intercâmbios comerciais, políticos e culturais. A escrita chinesa é notoriamente composta de ideogramas, sinais que representam diretamente um objeto ou um conceito. Originariamente, os ideogramas eram verdadeiros pictogramas; isto é, o desenho de uma casa mais ou menos esquematizado (linhas verticais paralelas encimadas por um triângulo) significava efetivamente "casa". Os pictogramas transformaram-se, com o decorrer do tempo, seja perdendo sua simplicidade gráfica, seja adquirindo significados diferentes dos significados originais. A escrita chinesa remonta a pelo menos 3500 anos: foram encontrados documentos em incisões feitas em ossos e cascas de tartaruga. Exemplos de antigos pictogramas e ideogramas chineses são dados na figura 12. Na escrita atual, simplificada em 1956, em relação à mais antiga, distinguem-se, em cada caráter, dois componentes: um "monossílabo homófono" (a língua chinesa é constituída de monossílabos, freqüentemente unidos em sílabas), que é a parte fonética do caráter, e um "determinante ideográfico" (dito classificação ou radical). Na figura 13 são dados exemplos de caracteres construídos a partir de um monossílabo e um radical diferentes. Com base na combinação entre monossílabos e radicais podem-se escrever cerca de quarenta mil caracteres. Para ler um jornal atual, basta conhecer seis mil. Há uma relação importante entre a escrita e a língua chinesa. Os caracteres da figura 13, em parte diferentes um dos outros, lêem-se aparentemente com o mesmo monossílabo *ma*, não fosse pelo sinal sobre o *a*, que indica uma leitura diferenciada. Com efeito, o chinês é uma língua dita tonal, baseada nos "tons", uma característica que escapa a nós, ocidentais. No chinês, mais precisamente no dialeto mandarim, de Pequim, há quatro tons fundamentais: baixo, ascendente, descendente, cadente. Esses tons permitem pronunciar um mesmo monossílabo de maneira diferente, podendo significar, assim, quatro coisas diferentes (como no exemplo da fig. 13). Há pouquíssimos estudos sobre os efeitos de lesões cerebrais sobre a linguagem, nos chineses. Foi publicado, recentemente, um estudo — o mais completo até hoje — sobre um caso de afasia numa mulher chinesa lesionada no hemisfério esquerdo depois de sofrer uma forte hemorragia. A deficiência mais marcante

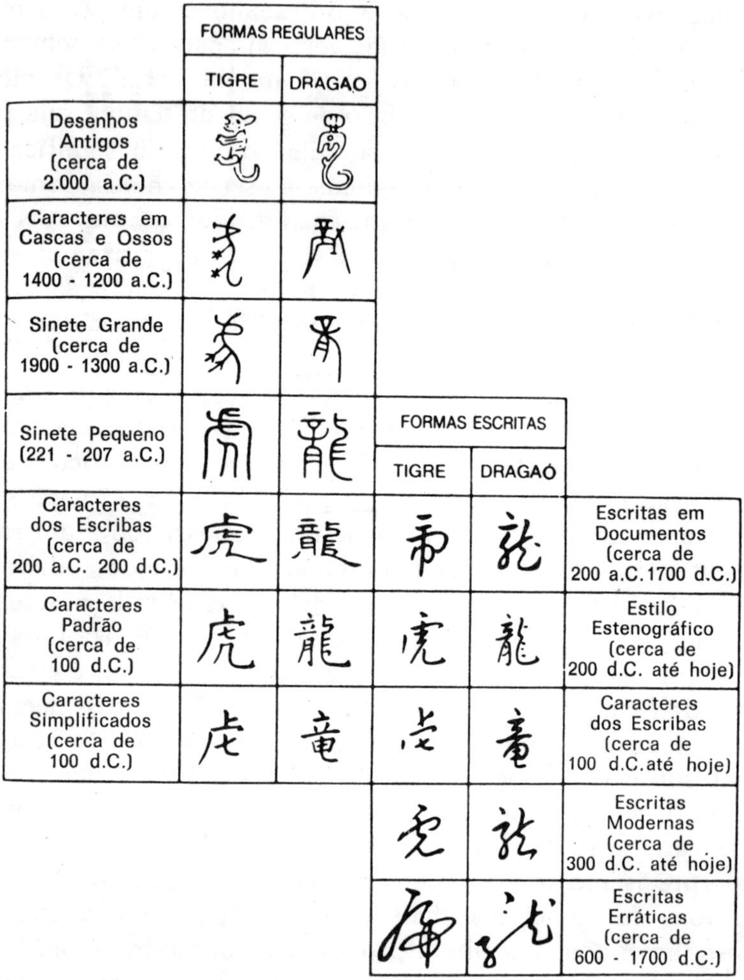

Fig. 12. Desenvolvimento dos ideogramas chineses a partir de antigos pictogramas relativos ao tigre e ao dragão, dois animais fundamentais da mitologia chinesa.

CAVALO	馬	马
MÃE	媽	妈
ÁGATA	瑪	玛
FORMIGA	螞	蚂
REPROVAR	罵	骂

Fig. 13. Ideogramas chineses na forma antiga (à esquerda) e na forma simplificada introduzida em 1956 (à direita).

e evidente foi, precisamente, o reconhecimento de palavras diferentes entre si devido ao tom. É importante, em todo caso, deduzir que, desse exemplo e de outros estudos feitos em sujeitos normais, o hemisfério dominante, nos chineses, para a língua chinesa falada e escrita, é o esquerdo.

Embora os japoneses tenham derivado grande parte da sua escrita do idioma chinês, sua organização cerebral nos processos lingüísticos não corresponde à dos indivíduos chineses. A escrita japonesa é composta de caracteres derivados do chinês e de outros caracteres, que podem ser misturados entre si num mesmo texto. Um primeiro grupo de caracteres denominados (*kanji*) é constituído de ideogramas de origem chinesa. Na figura 14 estão representados alguns *kanji*, no estilo moderno e em sua derivação de signos antiquíssimos. Há dicionários que arrolam até cinqüenta mil *kanjis*. O número médio desses caracteres, que deve ser conhecido para se ler um jornal, é de cerca de três mil. Para cada carácter há vários tipos de escrita (uma espécie de letra de fôrma e de cursivo), várias pronúncias e diversos significados. Se um indivíduo não conhece um *kanji*, praticamente não é capaz de lê-lo e só pode fazer deduções a partir do contexto da frase para compreender seu significado. Além do sistema *kanji*, a escrita japonesa tem o sistema *kana*, que, por sua vez, é dividido em *hiragana* e *katakana*. O *katakana* é composto, em parte, de caracteres *kanjis*, que assumem o papel das letras dos alfabetos ocidentais. Com esse subsistema *kana*, escrevem-se os nomes estrangeiros (p. ex., "Roma"), os objetos modernos ("rádio"), as palavras científicas etc. O *hiragana* também é um alfabeto derivado dos *kanas*, sendo utilizado para indicar as partículas, as formas flexionadas dos verbos, os adjetivos, os pronomes etc. Em conjunto e simplificando muito, a escrita japonesa tem dois sistemas: um ideográfico (*kanji*) e um alfabético (*kana*). Um carácter *kanji* corresponde a uma palavra, enquanto que os *kanas*, tal como as letras dos alfabetos ocidentais, devem ser agrupados para indicar uma palavra. Embora possa existir contextos em que um dos dois sistemas seja preferido (por exemplo, o *katakana* é utilizado nos telegramas, livros para crianças etc), devemos considerar que são utilizados geralmente no mesmo texto (fig. 15). O conhecimento de um só sistema não basta para ler japonês. Foram empreendidas várias campanhas para a simplificação da escrita japonesa. Em 1946, foi fixado em 1850 o número máximo de caracteres *kanjis* a serem utilizados nos documentos oficiais, nas leis, livros etc., dos quais 881 devem ser aprendidos na escola. Todavia, para ler um jornal, como já notamos, é preciso conhecer muitos mais, sem considerar que, para ler os textos clássicos e as publicações impressas antes de 1946, esse número limitado de *kanjis* é insuficiente. Um conhecimento vasto dos *kanjis* foi o indício de se pertencer a uma classe social elevada, que controlava a cultura e

Fig. 14. Ideogramas japoneses em sua derivação do símbolo antigo (o primeiro à esquerda). De cima para baixo: *planta de arroz* (no signo original vê-se à esquerda uma plantinha de arroz e, à direita, uma mão que põe os grãos num morteiro, como para preparar a comida); *ninho* (três passarinhos num ninho, no alto de uma árvore); *direção* (uma canoa amarrada a uma estaca, movendo-se na direção que o vento sopra); *estar em paz* (uma mulher dentro de casa); *o quê?* (o que haverá naquele saco que dois homens carregam pendurado a uma vara?).

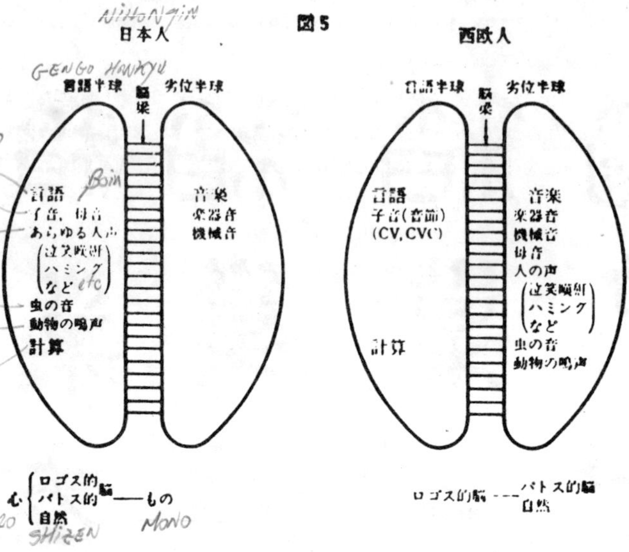

に共存し、然も同程度の優位性の偏移量(dB)をもっていることにある。

このように優位性パターンからロゴス的・パトス的脳に分類できるにしても、実験では持続時間は五〇乃至七五ミリセカンド(約二〇分の一秒〜十三分の一秒)の短かい断続音が用いられているから、被験者が音の種類を聴き分けることは極めて稀で、すべての検査音について言語音・人声、又は虫の音という認識はもっていないといえる。このような状況でもなお且つ音の選別・分離が成立するのは、前述したように複合音の音形から自動的に左右の脳に選別する機構の働きによると考えざるを得ない。

kanji

kana

Fig. 15. Os sistemas *kanji* e *kana* são utilizados num mesmo texto. Geralmente, escrevem-se em colunas, da direita para a esquerda e de cima para baixo. A figura, tirada do livro de Tsunoda, *O Cérebro dos Japoneses*, compara o cérebro japonês (à esquerda) com o cérebro ocidental (à direita), com respeito às funções dos dois hemisférios cerebrais. A indicação dos dois sistemas é um acréscimo nosso.

tudo que era fixado na escrita, para conservar as leis e a tradição. Assim, os *kanjis* também foram a escrita dos homens, enquanto as mulheres, de alta posição social, naturalmente, preferiam os caracteres *kanas*.

As relações entre hemisférios cerebrais e linguagem nos japoneses não são complexas apenas devido à vasta e particular gama de significados verbais que têm, para esse povo, muitos sons (humanos ou não) que não possuem conotação lingüística para nós, ocidentais. A grande complexidade da escrita torna ainda mais especial essa relação. Basta percorrer uma centena de *kanjis* para dar-nos conta de quanto é difícil distinguir um do outro, sem um longo exercício. Como fará o cérebro para reconhecer aqueles pequenos traços e para memorizar vários milhares desses? Durante muito tempo, o problema não foi colocado no campo dos estudos sobre as funções cerebrais. Hoje, as pesquisas recentes puseram em evidência que, para o reconhecimento dos *kanjis*, é necessário o hemisfério direito, como é o caso de todas as formas visuais complexas, enquanto que para os *kanas* (um número limitado de caracteres, que correspondem, por sua função lingüística, às letras dos alfabetos ocidentais), intervém o hemisfério esquerdo. A singularidade da organização cerebral dos japoneses para o processo de escrita e leitura do japonês está precisamente na necessidade de fazer intervir *ambos* os hemisférios, enquanto que, para ler uma página em italiano ou inglês, basta, praticamente, apenas o hemisfério esquerdo. Naturalmente, consideramos tão-somente o modelo geral, que atribui, nos destros, as funções da linguagem ao hemisfério esquerdo. Qualquer comparação entre japoneses e ocidentais, que leve em conta os casos de mancinismo, dominância do hemisfério direito para a linguagem etc., tornaria ainda mais complicada a descrição das várias situações e, por outro lado, seria impossível no estado atual dos estudos. Os distúrbios da linguagem (as afasias) e os distúrbios de leitura (alexia) e escrita (agrafia), nos japoneses, derivam de lesões em áreas cerebrais que não provocam os mesmos distúrbios nos ocidentais. Quem se instalasse no Japão para ser neurocirurgião ou neuropsicólogo teria que atualizar seu manual, que descreve uma patologia não correspondente à que poderia ser verificada nos cidadãos japoneses.

O primeiro caso de afasia num japonês foi publicado em 1914. Vitimado por uma lesão no hemisfério esquerdo, esse homem perdeu a capacidade de ler o alfabeto que tal hemisfério reconhece, em seu caso os *kanas*. Mas possuía o hemisfério direito íntegro, de modo que podia ler os caracteres *kanjis*. A dissociação entre os dois sistemas nos casos de lesão cerebral foi confirmada por vários estudos mais recentes, em particular pela pesquisadora japonesa Sumiko Sasanuma.

A linguagem dos japoneses requer, na forma falada, uma utilização do hemisfério esquerdo e, na forma escrita (para os *kanjis*), uma utilização do hemisfério direito em maior medida que nos ocidentais. Seguramente, a interação hemisférica é muito mais complexa nesses cérebros quando falam e lêem, porque não há sempre uma separação entre linguagem falada e linguagem escrita. Às vezes, não nos acontece pensar como uma palavra é escrita antes de pronunciá-la? Se, geralmente, nós só o fazemos com o hemisfério esquerdo, um japonês terá de "ver" um *kanji* com o hemisfério direito e, depois, dizê-lo com o esquerdo. Tsunoda me disse que, se para os ocidentais a palavra é a ordem, para os japoneses a palavra é o caos. Não surpreenderá, pois, que os japoneses utilizem amplamente a comunicação não-verbal — gestos, sorrisos, inclinações — e tenham produzido uma concepção filosófica, o *Zen*, que é um exercício de introspecção não-verbal. Além disso, relaciona-se à sobrecarga a que o cérebro deles está sujeito para falar e ler, a dificuldade que os japoneses têm para aprender outras línguas, além da materna.

Se uma criança de pais japoneses fosse adotada, logo depois de nascer, por uma família ocidental, seu cérebro teria uma relação tão complexa assim com a língua adotiva? Seguramente não. Foi precisado por Mary Sanches que os resultados de Tsunoda sobre a especialidade do hemisfério esquerdo nos japoneses não devem ser interpretados como o indício de uma característica inata. É nas formas de educação, na comunicação entre mãe e filho, próprias da cultura japonesa, que devem ser buscadas as origens de tal especialização. Notava a antropóloga Benedict que a comunicação verbal é prioritária na educação ("A criança japonesa costuma aprender a falar antes de aprender a andar"), e a lingüista Sanches ressaltava como a criança aprende a dar categorias verbais a todos os sons do mundo natural e humano, empenhando seu hemisfério esquerdo desde os primeiros meses de vida. A cultura japonesa requereu, primeiro, uma utilização especial do hemisfério esquerdo; depois, com a aquisição, numa época histórica recente, da escrita chinesa, um uso igualmente especial do hemisfério direito. Só se uma criança crescer no mundo japonês seu cérebro tornar-se-á tão complexo e único quanto a cultura e a história do seu povo. Devemos notar que, para conhecer a organização funcional do cérebro japonês, é preciso referir-se a estímulos impregnados, por assim dizer, de cultura, excluindo estímulos simples e elementares. Com respeito a um estímulo, como uma figura geométrica ou um som puro, o cérebro dos japoneses não possui uma organização diferente da do cérebro dos ocidentais. Quando, porém, interage com o mundo de estímulos da sua cultura (a música, os tipos de escrita etc), o cérebro aciona, então, uma dinâmica funcional específica.

As cores são as mesmas para todos?

O mundo é cinzento, o mundo é azul

A influência de fatores culturais sobre a organização cerebral pode ser ilustrada considerando como a percepção das cores varia de cultura a cultura e de indivíduo a indivíduo. Antes de mais nada, é preciso dizer que a percepção do ambiente externo não é um fenômeno simples, uma resposta automática dos sistemas sensoriais aos estímulos externos. A percepção requer a atividade integrada de várias estruturas cerebrais, além da dos receptores específicos (a retina do olho, para a visão, e a cóclea do ouvido, para a audição). A percepção das cores é, talvez, o exemplo mais evidente da complexidade da percepção, para a qual concorrem fatores neurofisiológicos e culturais.

Em 1969, dois antropólogos americanos, Brent Berlin e Paul Kay, relataram os resultados da sua pesquisa sobre os nomes das cores presentes em 98 línguas. Foram distinguidas onze cores fundamentais, para as quais havia um nome específico. As denominações derivadas ou complementares foram deixadas de lado. Por exemplo, "vermelho" foi aceito nessa lista restrita, mas não foram incluídos "azul-avermelhado" (porque composto de dois termos: azul e vermelho), "encarnado" (porque pertencente à categoria mais vasta de "vermelho"), "ruão" (porque utilizado para indicar uma espécie de cavalos que tem o pêlo dessa cor), *tanne* (a cor do fruto do castanheiro, por ser derivado de um vocábulo estrangeiro). Os nomes fundamentais revelaram-se: branco, preto, vermelho, verde, amarelo, azul, marrom, púrpura, rosa, laranja, cinza. O mais surpreendente foi que essas cores tinham uma progressão fixa. Se, numa língua, estava presente um nome específico, por exemplo, para o verde ou o amarelo, também havia nomes específicos para as cores vermelha, preta e branca.

Branco				Verde		Amarelo						Púrpura
	→	Vermelho	→		→		→	Azul	→	Marrom	→	Rosa
Preto				Amarelo		Verde						Laranja
												Cinza

No século XIX, imaginou-se que a percepção das cores nos homens das épocas passadas ou de culturas primitivas ainda existentes era muito grosseira. Só graças à cultura haveria um refinamento na percepção das cores. De fato, nas línguas de sociedades primitivas encontram-se apenas os nomes para branco e preto; mais tarde, passando a culturas e línguas mais evoluídas, aparecem o vermelho, depois o verde ou o amarelo, depois o azul etc., até completar as onze cores. Em culturas ainda mais evoluídas, apresentam-se outros nomes mais específicos ou derivados ("escarlate", "dourado", "azulado", "salmão", "amarelo-canário" etc.). Em vários grupos lingüísticos da Nova Guiné, há nomes que indicam, por um lado, as cores "brilhantes", ou "branco", e, por outro lado, as cores "opacas", ou "preto". Assim, um grupo denomina *mola* a cor branca e as cores brilhantes — vermelho e amarelo —, e *muli* a cor preta e as cores opacas, como o verde, Numa língua falada na Nigéria, tem-se um terceiro nome, *nyan,* para o vermelho e todas as cores quentes, do vermelho ao amarelo, além de *pupu,* para as cores claras, e *ii,* para as cores escuras. Recentemente, os arqueólogos puseram em evidência que a utilização do vermelho é muito antiga, precedendo a das outras cores. O vermelho-ocre é encontrado constantemente desde o paleolítico, estando relacionado a práticas funerárias e mágicas. Em muitos túmulos foram conservados objetos, conchas e ossos tingidos de ocre. Formulou-se a hipótese de que o vermelho era considerado o símbolo do sangue e da vida, sendo, portanto, utilizado como antídoto mágico contra a morte. Ulteriormente, em línguas mais evoluídas, foi introduzido, primeiro, o nome para o verde e, depois, para o amarelo, ou vice-versa. Nesse estágio de desenvolvimento é interessante notar a ausência de um nome para o azul. Muitas vezes, o azul é indicado com o nome usado para o verde. No próprio grego antigo, na *Ilíada* e na *Odisséia*, falta um nome específico para o azul. Já no latim encontramos uma rica gama de nomes de cores, em particular um termo específico para o azul (*caeruleus*). Em línguas ainda mais recentes, como o russo, encontram-se até mesmo dois nomes, um para o azul-escuro (*sinii*) e um para o azul-claro (*goluboi*).

O estudo dessas línguas demonstra, portanto, um contínuo acréscimo de termos específicos para as cores. O estágio de evolução pode ser considerado um índice do nível cultural do grupo étnico em questão. No entanto, a ausência de um termo também pode ser o sinal de uma regressão lingüística e cultural. É o caso de muitos dialetos italianos derivados do latim. Neles, temos uma regressão a um estágio precedente ao do latim, pela falta de um termo específico para indicar o azul (em latim, como dissemos, estava presente o termo *caeruleus*). Muitas vezes o azul é indicado com o termo "verde", ou com expressões como "cor do céu", "celeste" (adjetivo derivado de "céu"), "violeta" (termo derivado da cor da flor de mesmo nome), "pavonáceo" (a cor das penas do pavão). Não só nos dialetos, mas também no italiano moderno, difundiu-se gradativamente a utilização de termos tomados de empréstimo a línguas estrangeiras, como *blau* (de origem alemã) ou a forma francesa *bleu* (chegada na Itália no século XVIII), com as derivações "blé", "blu" etc., ou então *turchino, turchese* (o corante proveniente da Turquia) e, também, *azzurro*, derivado desde o século XIII do persa, mas só utilizado no italiano culto (fig. 16).

O aumento ou a diminuição dos termos relativos às cores numa língua pode indicar que não há diferenças fisiológicas na capacidade de perceber os diferentes comprimentos de onda da luz, mas apenas variações na atribuição de nomes específicos. Alguns pesquisadores, porém, consideraram que, nos povos primitivos, existe um mundo diferenciado de cores, um mundo acinzentado que se torna colorido com o refina-

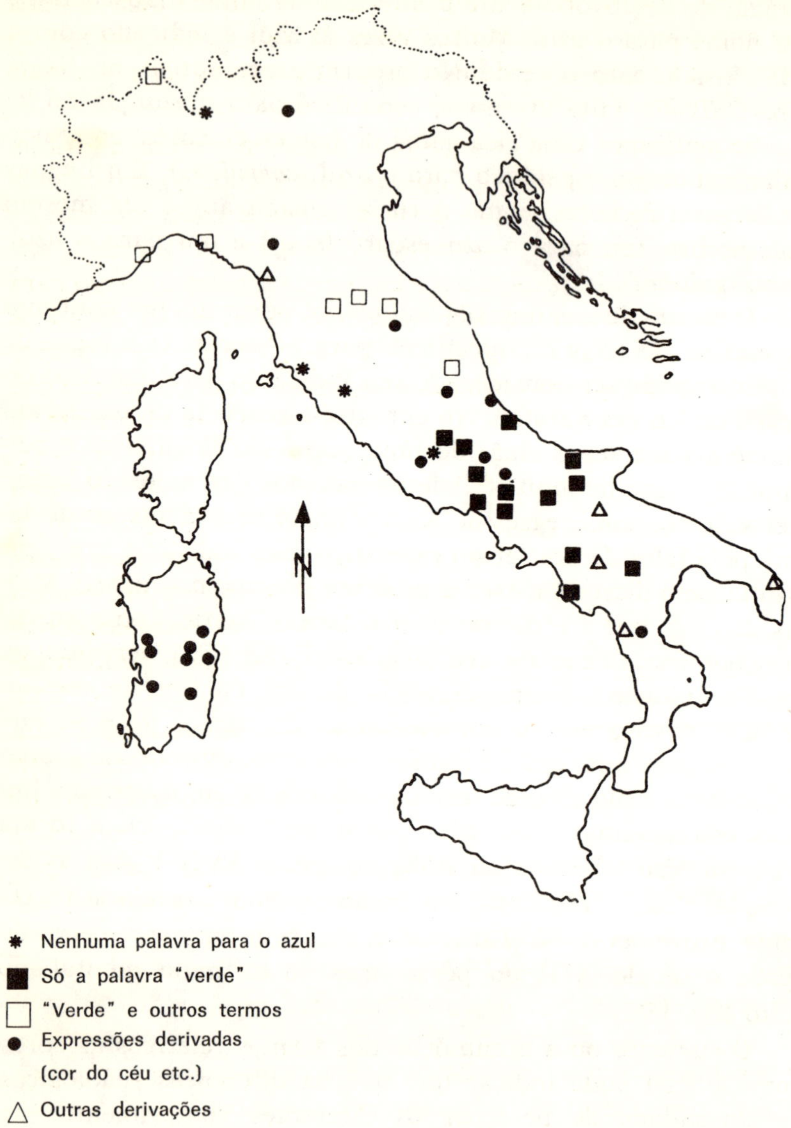

Fig. 16. Mapa de Andres M. Kristol relativo ao termo "azul" nos dialetos italianos. A identidade entre azul e verde é um índice de regressão lingüística, um fenômeno cultural.

mento da cultura. Essa evolução seria percorrida pela criança que aprenderia, nos primeiros anos de vida, a discriminar as cores com a aquisição da linguagem e de termos cada vez mais específicos para as cores.

Se pedimos a uma criança para denominar a cor dos objetos, constatamos facilmente que, quanto menor a criança, menor a quantidade de termos derivados, aparecendo somente os termos fundamentais "vermelho", "amarelo", "verde" etc. Pode acontecer que uma criança empregue o mesmo termo para indicar cores diferentes. Ela se comportaria, então, como os homens de culturas e línguas primitivas. Considerou-se durante muito tempo que as crianças não tinham uma percepção das cores igual à dos adultos. Uma criança veria, inicialmente, o mundo em branco e preto; depois, esse mundo apresentar-se-lhe-ia, progressivamente, cada vez mais colorido. Não faltaria o vocabulário, mas a própria capacidade de ver o vermelho, o verde, o amarelo e todas as outras cores. Nos primeiros meses de vida, o mundo visual seria pura e simplesmente em branco e preto. Aos poucos, desenvolver-se-ia a capacidade de perceber, primeiro, um grupo de cores (talvez as cores fundamentais, como o vermelho, o verde e o amarelo), depois as outras. No entanto, essa hipótese revelou-se errada, devendo-se a uma metodologia inadequada de pesquisa. Os estudos sobre a percepção da cor são dificultados por algumas características dos estímulos coloridos. Um objeto vermelho pode ser percebido como diferente de um objeto verde da mesma forma (por exemplo, uma bola vermelha e uma verde), ou por sua cor ser diferente, ou pelo primeiro ser muito mais luminoso, mais brilhante que o segundo, independentemente da cor. Desenvolveram-se recentemente técnicas adequadas para controlar que dois objetos são diferentes *tão-só* pela cor, e não por outras propriedades físicas. Foi possível demonstrar, assim, que por volta de dois meses de vida uma criança sabe discriminar algumas cores. Após os quatro meses, a percepção da cor na criança é semelhante à do adulto. As primeiras cores denominadas são o vermelho, o verde, o amarelo e o azul. Os doze livros de Andrew Lang, em que estão reunidas histórias para crianças, têm, cada um, uma cor que os distingue: *o livro mar-*

rom de histórias, o livro rosa etc. Os mais vendidos são quatro, precisamente os das quatro cores fundamentais, em que Lang provavelmente reuniu as histórias mais interessantes. É fácil para uma criança pedir o *livro vermelho,* que ela sabe conter as histórias de que mais gosta. A prioridade dessas quatro cores também foi verificada na organização neurofisiológica relativa à percepção cromática. No corpo geniculado lateral, uma estrutura subcortical, há três grupos de células. O primeiro responde às variações de luminosidade (do escuro à luz), o segundo responde ao vermelho e ao verde e o terceiro grupo ao amarelo e ao azul. Da interação das respostas fornecidas por estes dois últimos grupos de células, sensíveis ao comprimento de onda, derivaria a percepção e a discriminação das cores.

O que diferencia uma criança de um adulto é a capacidade de indicar as cores com nomes. Essa capacidade se desenvolve muito mais tarde, obviamente depois da aquisição da linguagem. Para esclarecer melhor esse ponto fundamental, tomemos um exemplo. Suponhamos não conhecer o nome de dois cartões coloridos que nos são apresentados. Apesar disso, podemos dizer que são diferentes, porque conseguimos discriminar o comprimento de onda de cada um. Acontece freqüentemente confrontar não tanto duas cores — o vermelho e o verde —, mas duas tonalidades de uma mesma cor: dois tecidos são amarelos, não sabemos o nome específico de cada um, mas podemos dizer que são diferentes. Em alguns casos de agnosia (não reconhecimento) das cores verificados em indivíduos com lesões cerebrais, geralmente no hemisfério esquerdo, tem-se uma dissociação entre a capacidade de discriminar duas cores (o paciente vê dois cartões, um vermelho e um azul, e diz que são diferentes) e a capacidade de denominá-los (isto é, o paciente não é capaz de dizer: "Este é vermelho e aquele, azul"). Essa dissociação também existe num indivíduo normal, que não conhece o nome das cores. Se apresentarmos a uma criança dois cartões amarelos, ela dirá que ambos são amarelos. Um adulto, porém, será capaz de dizer que um é "amarelo-limão" e o outro "amarelo-canário". Naturalmente, haverá tonalidades que até mesmo um adulto não será capaz de denominar. A denominação das cores depende, assim, da cultura do indivíduo, do uso profissional que faz das cores. Um pintor sabe denominar um amarelo-cádmio ou um verde-cromo. Nos catálogos de tintas, cada tonalidade tem uma denominação específica, que só os especialistas aprenderam a lembrar, devido a seu trabalho.

As cores são diferentes para cada indivíduo, porque é muito variável, devido à idade, à cultura e ao trabalho de cada um, a gama de nomes que ele tem à sua disposição e que lhe permitem distinguir as várias cores com um nome: uma pessoa é capaz de denominar dez tonalidades de amarelo que, para outra, incluem-se no mesmo nome de cor. Isso não quer dizer que a sua capacidade de base na percepção das cores seja diferente. Se forem feitos testes cuidadosos (p. ex., um confronto de cartões), ver-se-á que ambas as pessoas têm a mesma capacidade. Avaliou-se que um homem é capaz de distinguir mais de 7 milhões de tonalidades, mas decerto não saberá denominá-las. Do ponto de vista da organização cerebral, podemos imaginar que, no decorrer da aquisição dos nomes das cores, formam-se conexões entre os centros neurônicos do sistema visual implicados na percepção dos comprimentos de onda e os centros do córtex cerebral em que reside a linguagem. A partir do momento em que um indivíduo possui um vocabulário para as cores, o mundo colorido que ele percebe é fragmentado e canalizado em nomes, cuja variedade e riqueza podem aumentar por fatores culturais e sociais.

A esse segundo nível lingüístico, estritamente individual, podem colocar-se os problemas que tanto fascinaram os filósofos, como os jogos lingüísticos: "O vermelho para mim é o mesmo vermelho para voce?" Já que "vermelho" é uma denominação adquirida, que possui uma conotação histórica e cultural, pode ser que o que eu entenda por "vermelho" não o seja para o meu interlocutor, que emprega "vermelho" para indicar uma tonalidade diferente ou para quem aquela cor tem uma ressonância emocional própria. Uma vez que entramos em nosso mundo das cores, não saímos mais. O protagonista das *Cosmicômicas*, de Italo Calvino, percebe, com melancolia, que seu mundo passado, sem cores, cinzento, tornou-se um mundo colorido:

"Percebi, com dor e espanto, que havia permanecido *do lado de cá,* que nunca mais poderia fugir àqueles brilhos dourados e argênteos, àquelas nuvenzinhas que se transformavam de celeste em rosadas, àquelas folhinhas verdes que amareleciam cada outono, e que o mundo perfeito de Ayl [a mulher amada no mundo *cinzento*] estava perdido para sempre, tanto que já não era sequer capaz de imaginá-lo e nada mais restava que me pudesse recordá-lo, nem mesmo de longe, nada, senão aquela fria parede de pedra cinzenta".

O verde é como o azul

O problema das cores coloca-se de maneira diferente quando consideram-se pessoas que, por razões neurofisiológicas, não percebem algumas delas. Referimo-nos, em primeiro lugar, aos daltônicos, que, devido à falta de um pigmento nas células receptoras da retina (os cones), não distinguem o vermelho do verde ou o amarelo do azul. Esses indivíduos podem basear-se em outras propriedades dos objetos (como a luminosidade) para distingui-los. Todavia, há populações inteiras que, por motivos genéticos, não distinguem o verde do azul e usam um mesmo nome para ambas as cores. Trata-se de populações que vivem nas regiões tropicais e equatoriais, onde a luz solar é particularmente rica em componentes ultravioleta (raios de comprimento de onda curtíssimo). Por um mecanismo genético, análogo ao que provocou o desenvolvimento da cor escura da pele, produziu-se no olho desses indivíduos uma pigmentação defensiva especial, que absorve os raios ultravioleta e os comprimentos de onda menores. Os receptores da retina seletivos ao verde e ao azul não conseguem, assim, efetuar uma análise distinta das cores na gama de comprimentos de onda menores. À medida que se aproxima do equador, a identidade entre verde e azul se transforma em identidade entre verde, azul e preto. Como vemos no mapa de Bornstein (fig. 17), há outras identidades semânticas (vermelho = amarelo etc.), mas essas teriam origem cultural, segundo a hipótese da evolução dos nomes culturais em relação ao estágio de desenvolvimento da língua.

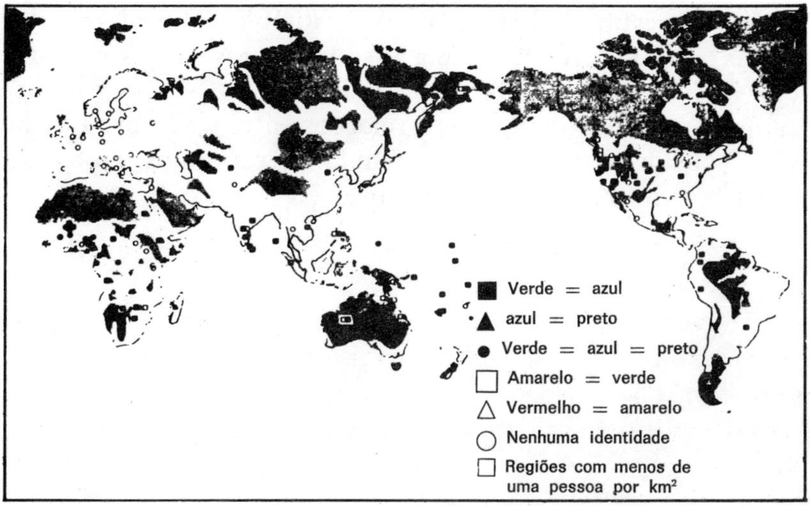

Fig. 17. Mapa de Marc H. Bornstein relativo às identidades semânticas entre as cores. A identidade entre azul e verde, encontrada nas línguas faladas em torno do equador, é um fenômeno de origem genética.

Se, nos casos dos dialetos italianos, a identidade de nome entre azul e verde pode ser o índice de uma regressão lingüística, um fenômeno cultural, para as populações equatoriais trata-se de um limite genético evidente. Análogo limite é encontrado na percepção dos comprimentos de onda curtíssimos (ultravioleta) percebidos por algumas espécies animais. Para esses comprimentos de onda, não se encontram, obviamente, em nenhuma língua, os termos correspondentes. Se excluímos as populações equatoriais em que a percepção da cor é limitada por fatores genéticos, segundo a tese de Bornstein, podemos afirmar que as diferenças das cores no vocabulário dependem de fatores culturais — seja entre cultura e cultura, seja passando do vocabulário pobre da criança ao vocabulário rico do adulto e, ainda mais rico, do pintor. Uma vez adquirido um termo específico, aquele comprimento de onda não é mais um estímulo neutro, mas faz ressoar emoções e lembranças. Não é mais um estímulo físico, mas um estímulo cultural, que atua sobre os receptores da retina e sobre as estruturas cerebrais que o elaboram em relação ao indivíduo e à sua cultura. No capítulo seguinte, dedicado às relações entre o cérebro e a música, consideraremos outro exemplo de estímulos, cuja apreciação é um fato altamente cultural.

O cérebro de um músico

Ravel e Chebalin

Alguém escreveu que, em seu crescendo e em sua explosão musical final, o *Bolero* pode ser interpretado como a manifestação progressiva da angústia de Maurice Ravel, o inexorável decurso de uma doença que enfim se revelaria selando-se com a morte. O *Bolero* foi escrito em 1928. Exatamente nesse ano, Ravel começou a dar mostras dos primeiros sintomas claros de uma estranha amnésia. Mas um estado de confusão e sonolência já o afligia há tempos. Parece que o desastre de automóvel de 1932 só fez precipitar a enfermidade latente. Naquele ano, em Paris, o compositor tomou um táxi que colidiu com outro automóvel. Ravel bateu violentamente a cabeça, mas não se constataram distúrbios imediatos. Esse trauma tão-somente acelerou um desenlace inevitável. Em 1933, ao nadar, ele, excelente e apaixonado nadador, sentiu que seus movimentos não se coordenavam mais. Logo depois, acrescentou-se a isso um distúrbio revelador do que ocorria em seu cérebro: Ravel perdeu a capacidade de falar e, fato talvez ainda mais grave para um grande músico, perdeu irremediavelmente a capacidade de exprimir a sua criatividade musical.

Ravel foi tratado pelo neurologista francês Théophile Alajouanine, que nos deixou uma descrição precisa de sua doença. A compreensão e a expressão da linguagem estavam perturbadas, mas, em particular, achava-se prejudicada esta coisa fundamental para um compositor: traduzir em palavras um pensamento e, depois, manifestar esse pensamento em palavras, através de caracteres, através da escrita. Uma vez, levou nada menos que oito dias para escrever uma carta de cinqüenta palavras ao seu amigo Maurice Delagne, consolando-o da morte da mãe. Ele "sabia" que pensamentos devia exprimir, mas não conseguia encontrar as letras e as palavras correspondentes. Só conseguiu, procurando-as no dicionário francês *Larousse.* O mesmo problema se colocava quando queria escrever música.

Do mesmo modo que não havia mais relação entre um objeto, um pensamento, e seu signo verbal, ele também havia perdido a relação entre um som e uma nota, não era mais capaz de ler uma partitura e traduzi-la em música, não sabia mais escrever a música que pensava. No entanto, reconhecia a música que tocavam, dizia se era sua ou não, ou assinalava os menores erros na execução de uma obra musical. Assim, por exemplo, logo notou que o piano de Alajouanine, em que eram executadas peças para essas experiências, estava desafinado. Tocar piano também passou a ser uma verdadeira tortura para Ravel. Tocar lendo uma partitura era praticamente impossível. O primeiro problema era ler as notas, o segundo encontrar as teclas correspondentes. Às vezes, podia tocar com a mão direita apenas, mas com as duas mãos não lhe era mais possível. No entanto, conseguia tocar, quando punha-se repentinamente a interpretar as suas composições. Mas só um pouco depois começavam os erros, sobretudo quando a sua execução não era mais automática, mas fruto da reflexão. Escrever suas próprias peças também era muito mais simples do que escrever peças novas que lhe eram ditadas. Copiar sem ditarem era quase impossível. Ravel, porém, podia ouvir música, identificava obras conhecidas, era capaz de julgar as novas execuções da sua música e apreciar as novas composições. Mas seu grande sofrimento estava na incapacidade de exprimir a música que ouvia dentro de si. Ouvindo um concerto, pouco antes de morrer, confessou em lágrimas: "Apesar de tudo, era lindo. E ainda tenho tanta música na cabeça! Agora, acabou-se, para mim". Ravel morreu em 1937, depois de uma intervenção cirúrgica no cérebro, em que não se conseguiu descobrir a causa da doença.

O caso de Ravel é interessante, porque põe em evidência

uma nítida dissociação, em geral, entre escutar, ouvir a música e compô-la, executá-la. Sendo Ravel destro e vítima de afasia (distúrbio da linguagem), considerou-se que essa dissociação derivava de uma lesão no hemisfério cerebral esquerdo (o hemisfério da linguagem). Enquanto, com o hemisfério direito, ainda conseguia pensar a música, dar uma apreciação artística desta e, como ele próprio testemunhava, criar novas músicas, só com o hemisfério esquerdo teria podido traduzir a sua criação numa partitura. Se a criatividade musical, pois, é função do hemisfério direito, a linguagem, tanto verbal como musical, isto é, a capacidade de articular numa seqüência um carácter após o outro — letra ou nota —, compete ao hemisfério esquerdo.

A relação cérebro-música não é tão simples assim, porém. O caso do compositor russo Chebalin, estudado por Luria, demonstra ainda mais a complexidade da questão, embora com premissas semelhantes às do caso Ravel. Chebalin, professor do conservatório de Moscou e autor de várias sinfonias, sofreu, aos 51 anos, um primeiro ataque cerebral-circulatório, com perda da linguagem e paralisia da mão direita. Um segundo ataque, muito mais grave, ocorreu seis anos depois e um terceiro, mortal, dez anos mais tarde. A autópsia permitiu determinar uma lesão das regiões posteriores do cérebro (em particular as áreas temporais e parietais inferiores), como origem de seus distúrbios de comportamento. De fato, logo depois dos ataques, Chebalin não compreendia mais a linguagem e só conseguia articular expressões correntes como "obrigado", "como vai?", "até logo". Os erros mais típicos eram as chamadas parafasias: para dizer "sarar" (*okrepnut*) repetia *krepnost... okrepnost...krepnust...*, isto é, uma série de palavras que possuíam a mesma raiz, *kre*, mas que não tinham sentido. Era como se, em italiano, para dizer *benzina* (gasolina), se dissesse *genzina, renzina* ou *ventisa*. Cerca de dois meses depois, Chebalin conseguia expressar-se melhor, mas a deficiência na compreensão da linguagem permanecia. Dizia: "As palavras [...], será que as ouço realmente? Não estou certo [...] não é muito claro [...]. Não consigo apreendê-las [...]. Às vezes, sim [...]. Mas não sou capaz de apreender seu significado. Não sei de que se trata". Ao contrário, porém, suas capacidades musicais permaneceram intactas. Terminou de escrever composições iniciadas antes da doença e continuou o seu trabalho no conservatório. As novas composições não foram inferiores às precedentes. A *Quinta Sinfonia,* escrita em 1962, um ano antes da sua morte, foi considerada uma obra-prima: "*A Quinta Sinfonia* de Chebalin é uma brilhante obra criativa, cheia de emoções elevadas, otimista e viva. Essa sinfonia, composta durante a doença, é a criação de um grande mestre", comentou o grande Chostakovitch.

Embora ambos os compositores, Ravel e Chebalin, tenham perdido a linguagem verbal, só o musicista francês foi privado da faculdade de compor música. Para ambos, era a razão de viver: Ravel, melancólico, esperava a morte; Chebalin, por sua vez, continuou a compor peças otimistas e alegres.

A melodia

Embora a tendência seja indicar, geralmente, o hemisfério direito como sede do cérebro onde nasce a inspiração musical, na verdade ainda não está claro qual é o efeito da música sobre a organização cerebral. Os próprios casos de Ravel e Chebalin, contraditórios entre si, são exemplos da complexidade da questão. Nos últimos quinze anos, os estudos experimentais somaram-se aos dados clínicos recolhidos em indivíduos mais ou menos famosos vitimados de lesões cerebrais. A técnica usada nessas experiências é a da escuta diótica, que consiste em reconhecer estímulos diferentes entre si transmitidos simultaneamente aos dois ouvidos. Quando os dois estímulos auditivos são simultâneos, eles entram em competição entre si e vence o estímulo transmitido ao ouvido oposto (contralateral) ao hemisfério cerebral responsável pela sua elaboração. Se os estímulos são duas palavras, uma transmitida ao ouvido direito e uma ao esquerdo, o sujeito reconhecerá melhor o estímulo transmitido ao ouvido direito. De fato, tratando-se de informação verbal, é o hemisfério esquerdo o interessado, ou seja, o hemisfério contralateral do ouvido direito. Usando estímulos auditivos não-verbais, como melodias, o ouvido vencedor é o esquerdo, porque contralateral ao hemisfério direito, que é o envolvido com o material musical. A melodia é um conjunto de tons isolados, que não são percebidos separadamente mas em conjunto, do mesmo modo que uma série de pontos é percebida como um triângulo, um quadrado ou um círculo (fig. 18). A forma prevalece sobre os elementos constitutivos e é percebida como um todo. De fato, a melodia foi considerada, pelos psicólogos, como um exemplo clássico de forma que reorganiza os elementos componentes. Que a melodia fosse reconhecida pelo hemisfério direito, era um resultado compatível com uma concepção difundida da especialização hemisférica: o hemisfério direito elabora a informação segundo uma modalidade global, sintética, graças à qual reconhece uma melodia ou um rosto em seu conjunto, sem uma análise detalhada dos elementos particulares; o hemisfério esquerdo elabora a informação de modo analítico, elemento por elemento, como acontece ao ouvir uma frase, quando a sua compreensão é efetuada através do reconhecimento de cada palavra, dos pronomes, verbos etc. Essa distinção é expressa lucidamente nas palavras de Mozart: "Na minha imaginação, não ouço as partes em sucessão, mas como se estivessem todas juntas, ao mesmo tempo".

A dicotomia hemisfério direito/reconhecimento sintético — hemisfério esquerdo/reconhecimento analítico foi estabelecida mais tarde, depois, inclusive, de uma série de experiências sobre o reconhecimento de melodias. Bever e Chiarello, em 1974, submeteram dois grupos de sujeitos, um "leigo" em matéria de música e outro "conhecedor", à tarefa de reconhecimento de uma melodia ou de um par de sons extraídos de uma melodia, que eram transmitidos aos dois ouvidos. Os leigos foram capazes de reconhecer apenas as melodias, com uma preferência pelas que eram transmitidas ao ouvido esquerdo (hemisfério direito), não tendo êxito, porém, na tarefa de reconhecer as duas notas. Os conhecedores tiveram êxito em ambas as tarefas, preferindo, no entanto, o ouvido direito (hemisfério esquerdo). A interpretação dada a esses resultados foi que, nos leigos, a melodia é percebida com um todo, sendo, como tal,

Fig. 18. Elementos iguais constituem formas diferentes (acima) e elementos diferentes constituem formas iguais (embaixo).

elaborada pelo hemisfério direito (daí vencer, na estimulação simultânea dos dois ouvidos, o esquerdo), enquanto que os conhecedores possuem a capacidade de elaborar analiticamente a melodia em seus componentes, elemento por elemento, intervindo por esse motivo o hemisfério esquerdo (e vencendo o ouvido direito). Pela mesma razão, os conhecedores, ao contrário dos leigos, eram capazes de reconhecer se duas notas haviam sido extraídas ou não de uma seqüência melódica, como se, tomando o exemplo das formas da parte inferior da figura 18, os leigos só reconhecessem a forma e os conhecedores fossem capazes de dizer se uma forma dada continha ou não, por exemplo, dois quadrados.

A variável importante introduzida por Bever e Chiarello era o fator "aprendizagem", uma variável cultural, que seria responsável pela transferência gradual, nos conhecedores, do hemisfério direito ao hemisfério esquerdo durante o aprendizado da linguagem musical. A experiência de Bever e Chiarello foi citada não tanto por ser conclusiva no que concerne ao problema da relação entre música e cérebro (houve muitas réplicas, inclusive negativas, aos resultados que obtiveram), mas antes por ser paradigmático do tipo de pesquisas levadas e efetuadas atualmente sobre o problema: Comentou-se, entre outras coisas, que a superioridade do hemisfério esquerdo nos conhecedores poderia depender não tanto da aprendizagem, quanto de uma predisposição, inata em tais sujeitos, a tratar a informação de modo analítico. A relação entre os dois hemisférios pode variar em função do fator aprendizado no interior de uma mesma cultura, como nos precedentes sujeitos leigos e conhecedores em matéria de música, da região de Nova York, mas também passando de uma a outra cultura. Nos japoneses, verifica-se a mesma organização cerebral dos ocidentais quando ouvem a música ocidental, mas não quando ouvem os sons dos instrumentos tradicionais japoneses. Nesse caso, de fato, a elaboração é reservada ao hemisfério esquerdo, provavelmente devido à conotação verbal que tal música possui: um conjunto de sons neutros para os ocidentais, mas cheios de significados verbalizáveis para os japoneses.

O ritmo

Entre os aspectos fundamentais da linguagem musical, o ritmo foi particularmente estudado. Descobriu-se que o hemisfério esquerdo está implicado no reconhecimento e na produção do ritmo. Um violinista rumeno, vitimado por um ataque cérebro-vascular no hemisfério esquerdo, perdeu o reconhecimento do ritmo, mas não a capacidade de reconhecer seqüências de tons, para as quais podia, obviamente, usar o hemisfério direito. O distúrbio quanto ao ritmo não concernia unicamente aos sons, mas também às seqüências de estímulos visuais (uma série de *flashes*) e táteis (uma série de pancadas na mão). Para lá da dissociação entre aspectos melódicos e aspectos rítmicos, fica claro, com esse caso, que o distúrbio no reconhecimento do ritmo envolve um mecanismo independente da natureza dos estímulos (sejam esses uma seqüência de sons, *flashes*, ou estímulos táteis), o mecanismo que está localizado provavelmente no hemisfério cerebral esquerdo. De fato, o ritmo pode ser concebido como uma organização no tempo de uma seqüência de estímulos. A linguagem também é uma seqüência de elementos no tempo. Se dissermos: "A lancha chega a Vulcano esta noite, às 9", quem está nos ouvindo recebe uma seqüência de estímulos que, para ser transmitida, requer certo tempo, uma duração temporal no interior da qual cada elemento da frase tem a sua organização sintática precisa. Os estudos mais recentes sobre as bases cerebrais da música tendem a pôr em evidência precisamente os mecanismos comuns a processos cognitivos diferentes, como a linguagem verbal e a linguagem musical: a organização temporal dos estímulos é, seguramente, um mecanismo comum localizado no hemisfério cerebral esquerdo.

O sistema funcional musical

Considerando um músico profissional, o que acontece em seu cérebro em relação à musica é um conjunto muito complexo de funções que podem ser separadas, mas interagem estreitamente. Esse sistema de funções, ou sistema funcional, compreende ao menos os seguintes processos fundamentais: criar uma peça musical, apreciá-la esteticamente, lê-la, compô-la e escrevê-la, executá-la com um instrumento e, enfim, em alguns casos, reger a sua execução por uma orquestra. Esses processos dependem de áreas cerebrais diferentes, tanto no hemisfério direito, como no hemisfério esquerdo, e podemos afirmar, praticamente, que na produção musical de alto nível é envolvido todo o cérebro. Se uma área cerebral é destruída, as conseqüências no plano da produção musical podem ser várias: perda da capacidade de compor ou executar, ou de apreciar uma obra musical quanto a seu valor estético. Devemos precisar que a música não é um sistema destacado do resto das funções cerebrais. Na experiência musical combinam-se, por exemplo, as percepções auditivas às visuais e corpóreas. Uma obra musical pode evocar uma série de sensações cromáticas ou corpóreas, que são acompanhadas de estados emocionais (um arrepio na pele, suor, angústia), associados, por sua vez, a recordações pessoais. A relação entre cor e música é um tema recorrente. Vários músicos tentaram exprimir, em seqüências cromáticas, as suas composições, de Scriabin em seu *Prometeu* às mais recentes experiências de Luigi Veronesi.

A "audição colorida" pode ser um dom inato em alguns indivíduos, como no homem de prodigiosa memória estudado por Luria nos anos 30. Esse homem associava imediatamente um som a uma cor ("não consigo libertar-me da audição colorida", dizia ele), além de outras sensações visuais, táteis e olfativas: "Fazemo-lo ouvir um tom de 50 Hz e 100 db. Ele vê uma lista marrom sobre um fundo escuro, salpicado de línguas vermelhas; quanto ao gosto, esse som assemelha-se a uma sopa agridoce de repolho, e tal sensação gustativa invade toda a língua. Fazemo-lo ouvir um tom de 2000 Hz e 113 db. Ele diz: 'É uma espécie de fogo de artifício, rosa-avermelhado [...] uma listrinha áspera, desagradável [...] um gosto desagradável, como de salmoura picante [...]. Poderia causar uma ferida na mão' ". Em seus estudos sobre as relações entre o som e a cor, o diretor de cinema soviético Eisenstein, referindo-se, entre outras coisas, a esse indivíduo com acentuadas sinestesias (combinações de sensações diferentes), falou de "sincronização dos sentidos" para indicar o processo de integração entre as várias modalidades sensoriais (visuais, auditivas, táteis) que caracteriza a vida mental do homem e que o cinema deveria reproduzir, integrando o filme (seqüência de estímulos visuais) à trilha sonora (seqüência de estímulos auditivos). Para alguns pesquisadores, a sincronização entre audição e visão, entre sons e cores, é um fenômeno que remonta a uma época em que as sensações seriam indiferenciadas, antes de uma sua canalização em órgãos sensoriais específicos. Esse modo indistinto de sensações é dificilmente verbalizável, mas pode, no entanto, ser experimentado durante a percepção da música, quando todo o corpo e todo o espírito vibram numa trama indeterminada de sons, imagens visuais, cores, emoções e lembranças.

As mãos do músico

Em instrumentos musicais antigos, como a harpa e a cítara (fig. 19), a mão direita serve para executar a música e a esquerda para sustentar o instrumento. Progressivamente, a mão esquerda tornou-se um meio igualmente importante de execução, embora com tarefas diferentes em relação à direita. A passagem foi gradual. Nos instrumentos de corda, os dedos da mão esquerda serviram, num primeiro tempo, para prender as cordas, enquanto a direita as tangia; depois, as duas mãos se associaram, como ocorre hoje ao tocar harpa. O exemplo mais importante de instrumento musical tocado a duas mãos é, naturalmente, o piano. Não é nada claro o que essa evolução significou no tempo. É certo que a mão direita foi dominante na execução da música, tal como na escrita. Como essa mão é controlada pelo hemisfério esquerdo, esse fato coaduna-se com os dados clínicos e experimentais, que indicam ser esse hemisfério a sede da composição e execução musicais. Quando se usam as duas mãos em tarefas complexas — e tocar piano é precisamente uma delas —, o hemisfério cerebral esquerdo resulta ainda mais dominante. É fácil imaginar como o trabalho do cérebro na execução de uma música está entre os mais complexos: os dois hemisférios cerebrais cooperam, cada um em suas funções criativas e expressivas próprias, traduzindo, numa seqüência de movimentos integrados das duas mãos, o produto musical. Ravel compôs para o pianista austríaco Paul Wittgenstein, mutilado da mão direita, um *Concerto em Ré para a Mão Esquerda.* O que comporta para um pianista destro tocar apenas com a mão esquerda, controlada pelo hemisfério direito, se precisa tocar com a direita, como quando escreve? Quem já tentou tocar o concerto de Ravel, achou-o muito difícil, e os motivos disso, provavelmente, não estão tanto na sua dificuldade intrínseca, quanto na organização cerebral do pianista, que não é feita para esse tipo de execução. Pode-se imaginar que os músicos canhotos sejam menos numerosos que nas outras profissões — como os arquitetos —, já que a dominância da mão esquerda representaria uma desvantagem para a execução de uma música prevista para duas mãos, com

Fig. 19. Executantes de harpa angular vertical (tábula mesopotâmica de 2000 a.C.).

a direita dominante. Não parece, até aqui, que o número de músicos canhotos seja inferior ao normal ou ao de determinadas profissões. Ao contrário, muitos músicos, profissionais ou amadores, aprenderam a tocar invertendo as mãos. Todos nós lembramo-nos de Carlitos, quando tocava violino passando velozmente o arco da direita para a esquerda e vice-versa. Parece ser menos problemático reger uma orquestra sendo canhoto e invertendo o papel das mãos: a direita para marcar o tempo e o ritmo, e a esquerda para modular a execução. Nesse caso, o problema será de quem executa, dos componentes da orquestra, acostumados a buscar nas mãos do regente indicações específicas, relativas às funções próprias das mãos de um regente destro.

Os dois hemisférios cerebrais cooperam quando elaboram a música. Embora o hemisfério esquerdo seja importante na articulação expressiva da música, sentimo-nos levados a considerar o hemisfério cerebral direito como a estrutura necessária, indispensável para a sua criação. Ravel continuava a ouvir música, apesar da perda do hemisfério esquerdo, e Chebalin era capaz até mesmo de compor. Mas o caso de Beethoven é a prova mais evidente da dissociação entre linguagem verbal e linguagem musical.

Aos 30 anos, em 1801, Beethoven escrevia a um amigo: "Para te dar uma idéia dessa estranha surdez, direi que, no teatro, tenho de ficar perto da orquestra para compreender o que diz o ator e, àquela distância, não consigo ouvir as notas dos instrumentos ou das vozes. Quanto a ouvir as pessoas falar, é surpreendente que algumas nunca tenham notado a minha surdez: como sempre fui sujeito a distrações, a elas atribuem minha dificuldade de audição. Às vezes, consigo ouvir apenas uma pessoa que fala baixinho; posso ouvir os sons, é verdade, mas não consigo decifrar as palavras. No entanto, se alguém grita, não consigo suportar". Apesar da crescente surdez que o impedia de ouvir sua música e regê-la, Beethoven continuou a compor. Provavelmente, o mundo das palavras não era essencial para a criação musical. Aliás, foi notado que, independentemente de ter perdido a audição e, portanto, ter limitado a elaboração do hemisfério esquerdo, não mais empenhado em compreender a linguagem, Beethoven foi, no entanto, um típico "gênio do hemisfério direito" (Ehrenwald). Ele tinha uma péssima caligrafia e cometia erros de escrita que foram objeto de estudos específicos: omitia letras nas palavras (*Allego* em vez de *Allegro*; *empehlen* em vez de *empfehlen*), mudava as letras ("upetit", em vez de "Apetit"; "Haidn" em vez de "Haydn"). Os erros de escrita eram acompanhados de dificuldades em executar tarefas manuais, da incapacidade de realizar operações aritméticas — conjunto de sintomas que indicariam uma disfunção nas áreas temporais e parietais do hemisfério esquerdo. Beethoven sofria com a sua surdez ("Faz quase dois anos que parei de ter contatos sociais, porque é-me impossível dizer às pessoas: sou surdo. Se tivesse outra profissão qualquer, poderia superar minha enfermidade, mas na minha profissão é uma terrível desvantagem", porém seu hemisfério direito não cessaria de criar música.

Em conclusão, o cérebro de um músico tem uma organização muito complexa, que requer a colaboração dos dois hemisférios. Essa organização mudou, provavelmente, no tempo, com a evolução da produção musical e da instrumentação. O uso integrado das duas mãos tornou-se, gradativamente, um requisito básico da execução, seguramente programada e controlada, em sua seqüência temporal, pelo hemisfério esquerdo. Muitos músicos demonstraram ouvir e compor música apenas com o hemisfério direito, que pode ser considerado a parte do cérebro essencial para a criatividade musical. Também em quem ouve música por prazer, sem ser um profissional, esse hemisfério seria dominante. A especificidade dos dois hemisférios na música sobressai quando são considerados aspectos separados (o ritmo, a melodia) ou os fatores culturais (conhecimento técnico da música, culturas musicais diferentes: Ocidente e Japão).

O cérebro de um atleta

Mãos e cérebro

Não posso pressupor que todos os leitores sejam atletas ou torcedores, sigam os acontecimentos esportivos e tenham notado, portanto, o número relevante de canhotos entre os atletas. Consideramos, em vez disso, uma documentação recente que todos podem consultar. Na nova revista *L'Illustrazione dello Sport* (n.º 1), há uma rubrica sobre esgrima com esplêndidas fotografias dos campeonatos do mundo de Roma, de julho de 1982, em que figuram dois adversários, ou ambos destros, ou ambos canhotos, ou um destro e um canhoto (fig. 20).

De 26 esgrimistas que pude distinguir nas fotografias, nove são canhotos (ou seja 34,6%) e dezessete são destros. Quatro canhotos pertencem à equipe húngara, uma das mais fortes do mundo. Sempre no n.º 1 da mesma revista, num panorama fotográfico dos "grandes campeões" de tênis, quatro (ou seja, 20%) usam a mão esquerda, enquanto que no n.º 2 aparecem duas fotos simétricas dos grandes John McEnroe e Jimmy Connors, ambos canhotos (fig. 21). A porcentagem de canhotos na população normal oscila, conforme o tipo de pesquisa, da metodologia usada, mas dificilmente alcança 10%. Na pesquisa sobre a população italiana, já recordada ao discutirmos o mancinismo dos artistas, a porcentagem de canhotos revelou-se de 6%. Os valores de 34,6%, para a esgrima, e de 20%, para o tênis, são, portanto, impressionantes. Baseamo-nos nas fotografias de uma revista, limitando-nos a essas duas disciplinas; mas

Fig. 20. Brigitte Gaudin (França) e Nailia Giliazova (URSS).

seriam ainda mais numerosos os dados que poderiam ser recolhidos para confirmar a alta porcentagem de atletas canhotos.

Se, por exemplo, considerarmos a classificação da Associação Internacional dos Tenistas Profissionais (ATP), datada de julho de 1982, entre os cinqüenta primeiros atletas, nove são canhotos (18%), dos quais os três primeiros (McEnroe, Vilas e Connors). Não há pesquisas sistemáticas sobre esse fenômeno. Todavia, existe um estudo satisfatório dos canadenses Porac e Coren, feito com 1.084 atletas de quinze disciplinas diferentes. Os dois psicólogos, mediante um questionário relativo ao uso dos membros e dos olhos em várias atividades, verificaram a preferência direita ou esquerda para a mão, o pé e o olho, medindo depois a dominância (direita ou esquerda), a constância (se, independentemente da dominância resultante, em todas as atividades consideradas no questionário, se usa sempre a mesma mão, ou se em algumas atividades se usa a direita

Fig. 21. Jimmy Connors (à esquerda) e John McEnroe.

e em outras a esquerda; se houver uma preferência mista, em substância, trata-se de ambidestrismo) e a congruência mão-pé, mão-olho e pé-olho (por exemplo, quem usa a mão direita também usa o pé direito e o olho direito, ou para chutar usa o pé esquerdo?). Relativamente a um modelo de controle, não resultou nenhuma diferença na dominância manual. Os destros são tantos entre os atletas, quantos entre os não-atletas. Todavia, estes últimos são mais constantes na dominância. Quer usem a mão esquerda, quer a direita, é mais raro que os não-atletas usem em algumas atividades a mão não preferida. Já os atletas preferem usar a mão não-dominante (p. ex., a esquerda) em algumas atividades, ainda que tenham determinada dominância manual (nesse caso, a direita). O ambidestrismo parece ser, portanto, a característica mais difundida nos atletas, em vez de um mancinismo acentuado. Todavia, é indubitável que o número de canhotos é elevadíssimo entre os atletas campões, mesmo que não seja possível generalizar, afirmando que, para ser um campeão, é preciso ser canhoto.

Podemos imaginar que a atividade atlética tende a correlacionar-se com o uso de ambas as mãos e quem é, por natureza, canhoto, possui alguma vantagem, a ser melhor definida, com respeito ao destro.

É necessário, porém, fazer duas distinções, uma relativa ao nível de desempenho alcançado pelo atleta, a outra relativa ao tipo de disciplina praticada. É óbvio que quem pratica cotidianamente um esporte, em horas e horas de treinamento e competições, põe em ação essa tendência ao ambidestrismo de maneira mais constante do que quem o faz ocasionalmente, ou sem um empenho competitivo. Além disso, devemos considerar que algumas disciplinas, como a esgrima e o tênis, provavelmente podem requerer mais que outras, a passagem do destrimanismo ao ambidestrismo.

Podemos formular uma hipótese sobre o motivo pelo qual há uma tendência a empenhar ativamente a mão esquerda, além da mão direita. Parece que o fenômeno é bastante evidente nos esgrimistas, nos tenistas e, talvez, nos jogadores de baseball (os apaixonados por esse esporte lembrar-se-ão do grande Babe Ruth, canhoto, com as suas batidas com o taco, que mandavam a bola para fora de campo). Tanto na esgrima como no tênis, o atleta opera com um instrumento — o florete, a raquete —, mantido por uma mão, para acertar um objeto externo — o adversário, a bola. Essa operação motora é efetuada num espaço relativamente amplo, dentro do qual o atleta se movimenta. O movimento do atleta no espaço cruza-se com o movimento do adversário e, no tênis, também com o movimento da bola, uma vez rebatida. Para golpear o objeto, o cérebro do atleta deve organizar os movimentos da mão e das pernas, analisando simultânea e continuamente os movimentos do adversário e da bola. É necessária uma avaliação precisa da sua posição e da posição do adversário no espaço num determinado momento, para que haja uma resposta adequada (o golpe é aparado ou a bola rebatida). O sujeito faz uma análise de dois corpos em movimento no espaço, calcula a velocidade de deslocamento destes, prevê a trajetória e ajusta a posição do seu corpo, efetuando os movimentos necessários. Todas essas operações ocorrem em frações de segundo. Como sugerem as pesquisas sobre a especialização hemisférica, a análise espaço-temporal de um objeto em movimento é efetuada pelo hemisfério cerebral direito. Trata-se de uma análise do movimento de um objeto num espaço tridimensional, que deve ser precisa (logo, requer o hemisfério direito) e rápida (para o que o caminho mais breve para a transmissão da execução motora é o mais eficaz). A mão esquerda é diretamente controlada pelo hemisfério direito; logo, tem uma vantagem sobre a mão direita, que recebe o programa motor elaborado por esse mesmo hemisfério através do hemisfério esquerdo, aumentando o caminho de transmissão de pouquíssimos, mas preciosos, milésimos de segundo. Os atletas destrímanos tenderiam, quando possível, a utilizar a mão esquerda para compensar a desvantagem, do que derivaria a alta cota de ambidestrismo, pelo menos em algumas disciplinas. Quem é canhoto seria favorecido, porque não precisaria desenvolver esse empenho da esquerda, como faz o destrímano.

A organização mãos-cérebro pode variar de disciplina a disciplina, mas aparentemente se torna ainda mais complexa quando consideramos quais são o olho e o pé dominantes e se são congruentes com a dominância manual. Na pesquisa de Porac e Coren, revelou-se, por exemplo, que os melhores jogadores de baseball têm a mão e o olho de dominância diferente. A seguinte explicação foi dada para o batedor destrímano. Quando está pronto para bater, o atleta segura o taco do lado direito do corpo, junto do recebedor, enquanto expõe a parte esquerda para o arremessador adversário, que lançará a bola. A área esquerda do campo visual, de onde provirá a bola, é completamente controlada pelo olho esquerdo e só parcialmente pelo direito. O batedor destrímano, com o olho esquerdo dominante, é, pois, avantajado em relação ao colega destrímano com o olho direito dominante, voltado para o recebedor. No entanto, se tomarmos outros esportes, como o tênis ou o tiro com carabina ou pistola, resulta avantajado o atleta que possui uma congruência entre a mão e o olho. De fato, o olho pode controlar a mão do mesmo lado do corpo (ipsilateral) que se move no campo visual. Faça essa experiência: movimente a raquete (ou uma caneta) com a mão direita (ou esquerda), mantendo fechado o olho direito (ou esquerdo) sem girar a cabeça. Haverá uma parte obscura no campo visual em que não é mais visível a mão que está se movendo. No tiro, a congruência entre olho e pé também é importante: quem usa a mão direita para empunhar a arma geralmente mantém o olho direito aberto e adianta o pé erquerdo. As combinações mistas parecem menos vantajosas. Não para a ginástica, porém onde a combinação mista mão-olho, pé-olho corresponde a um melhor desempenho atlético. Para Porac e Coren, a dominância completa de toda uma parte do corpo pode desequilibrá-lo para o lado predileto, tornando necessária uma contínua correção desse deslocamento. Na ginástica, não seria harmonioso um movimento de uma parte do corpo (como um braço, nos anéis, ou uma perna, no cavalo) desequilibrado em relação ao movimento do outro lado. A dominância mista reduziria o deslocamento para o lado esquerdo ou direito, tornando mais simétricos os movimentos das duas metades do corpo (fig. 22).

Os estudos sobre a organização funcional do cérebro de um atleta em relação ao desempenho perceptivo e motor e ao uso das mãos ou dos pés nos vários tipos de disciplina estão apenas no início. Os primeiros dados indicam, porém, uma grande variedade individual e a importância do esporte praticado na determinação dessas diferenças de atleta a atleta. Há outros fatores que influenciam o desempenho de um atleta, como a sua personalidade e as suas motivações. Limitando-nos a considerar os fatores neuropsicológicos, outra variável é constituída pelas diferenças individuais dos ritmos circadianos.

Fig. 22. Nadia Comaneci.

Cotovias e corujas

No homem, como em todos os organismos vivos, há ritmos biológicos de período diferente: o ciclo vigília-sono, por exemplo, é um ritmo de cerca de 24 horas (isto é, circadiano); na mulher, o ciclo menstrual tem um período de cerca de 28 dias. Todos conhecemos parentes e amigos "madrugadores" ou "notívagos", ou, como às vezes escrevem nos Estados Unidos, "cotovias" e "corujas". Os primeiros são dispostos, ativos e alegres de manhã, os segundos o são de noite. Há quem gosta de trabalhar de manhã e há quem não consegue levantar da cama para ir trabalhar; quem cai de sono à noite e quem ficaria acordado até o sol raiar. As relações sexuais também são influenciadas pelo tipo circadiano dos parceiros. Afirmaram, até, que muitos casamentos fracassam devido a uma incompatibilidade circadiana: quando um parceiro está desperto, o outro dorme, e vice-versa.

Parece incrível, mas grande parte das pesquisas de psicologia não levou em conta essas diferenças individuais circadianas. Assim, mede-se o desempenho de um grupo de estudantes num teste geralmente de manhã, mas quantos desses estudantes são "corujas" que renderiam melhor se examinados no fim da tarde? Os únicos setores em que a tipologia circadiana foi oportunamente considerada são os da psicologia aplicada, no ambiente de trabalho, nas forças armadas e, recentemente, também no esporte. Pensem nos trabalhadores com turnos diurnos e noturnos e nos acidentes que podem ser causados, porque um tipo matutino deve trabalhar de noite ou porque um tipo noturno vai para o trabalho de manhã, quando seu organismo está no ápice da necessidade de sono. Ou pensemos sobre uma sentinela, um controlador de radar, que devem ficar despertos em horas do dia em que o seu nível de atenção diminui por um processo natural. A percepção, a atenção, a memória, os chamados processos cognitivos não são independentes do "tono" geral do organismo, do que é definido como nível de ativação. Ao acordar, esse nível é baixo, em seguida aumenta gradualmente, tornando a decrescer no momento de adormecer. Há, pois, um nível ótimo de ativação em que qualquer desempenho psicológico é melhor. Nos indivíduos matutinos, esse *optimum* é alcançado, no dia, antes dos indivíduos noturnos.

As variações do nível de ativação são controladas pela formação reticular, uma estrutura nervosa subcortical, seguramente conectada, para esse fim, a outros centros subcorticais, como o hipotálamo, os quais intervêm na regulação diurna de necessidades primárias, como a fome e a sede. Luria chamou esse conjunto de estruturas cerebrais de "unidade do sono e da vigília", porque elas participam do ciclo vigília-sono e da modulação dos processos de comportamento. A segunda unidade funcional é delegada à elaboração e descodificação da informação proveniente do mundo exterior e à memorização. A terceira unidade funcional está diretamente implicada na programação e no controle do comportamento. A primeira unidade está localizada nas estruturas subcorticais, a segunda e a terceira nas estruturas, respectivamente, posteriores e anteriores do córtex cerebral (fig. 7). As funções subcorticais e corticais não são desconexas, mas inter-relacionadas no trabalho global do cérebro. Simplificando muito a questão, podemos dizer que o subcórtex dá o tom geral, o fundo (dormir, estar acordado, emocionar-se) do comportamento, enquanto o córtex cerebral fornece os conteúdos (ler, escrever, falar etc). Alguns psicólogos soviéticos tinham posto em evidência, faz tempo, a relevância dessas diferenças individuais subcorticais no comportamento, mas seus estudos, pouco conhecidos ou mal interpretados, tiveram pouca influência sobre as pesquisas ocidentais. Como já notei, o problema reapareceu nos setores da psicologia aplicada, inclusive o esporte. Recentemente, estudou-se a relação entre o tipo circadiano e o nível de desempenho de atletas de golfe e pólo aquático. Esses dois esportes foram escolhidos por serem praticados, em geral, um de manhã, outro de noite, podendo-se conjeturar ser a hora do jogo determinante para o desempenho de um atleta. Descobriu-se que, enquanto os "amadores" pertencem a um grupo intermediário, não sendo nem matutinos nem noturnos, os "profissionais", que disputam o campeonato nacional, têm uma tipologia matutina ou noturna, conforme pratiquem, respectivamente, o golfe ou o pólo aquático. Por outro lado, uma tipologia intermediária pode ser ótima, como acontece com os atletas da equipe nacional de pentatlo, uma disciplina articulada em competições realizadas em diferentes horas do dia.

Tanto para a tipologia circadiana, como para o ambidestrismo dos atletas, coloca-se o problema comum de saber se há uma modificação da organização psicofisiológica individual. Um atleta torna-se ambidestro ou noturno porque pratica determinado esporte, ou o pratica porque é ambidestro ou noturno? Esse problema surge em todos os domínios da psicologia, nos termos da interação entre fatores inatos e adquiridos do comportamento. Foram dadas muitas respostas a essa questão, mas nunca se disse claramente se, uma vez verificadas as diferenças psicológicas individuais, elas são redutíveis a diferenças fisiológicas e cerebrais. Quando isso é feito, levanta-se a suspeita de que as afirmações dos psicólogos são ditadas pelo racismo: um branco é melhor do que um preto num teste psicológico, porque, em substância, o seu cérebro é diferente. Ora, para poder afirmar que há diferenças individuais na organização cerebral, não basta partir das diferenças psicológicas. É preciso estudar diretamente as funções cerebrais, com o objetivo de determinar diferenciações que sejam relevantes para o comportamento. No entanto, o cérebro é estudado para verificar suas funções "em média" numa certa amostra de indivíduos. Ficando no contexto deste capítulo, pergunta-se, por exemplo, qual é, em média, a rapidez de execução de uma resposta motora da mão em cem estudantes universitários, sentados num laboratório asséptico, mas não qual é efetivamente a resposta de um tenista quando bate na bola durante uma competição de verdade. Os dados obtidos não são irrelevantes em si, mas são provavelmente insuficientes para descrever adequadamente um cérebro em ação numa situação real, não de laboratório. Por outro lado, não se pode sequer replicar que o estudo da organização cerebral de um atleta seja desprezível, por serem os atletas uma minoria em relação à totalidade da população. Nesse caso, também são uma minoria os arquitetos, os músicos, os cientistas e todos os demais indivíduos. É claro que, no fim, todas essas minorias postas junto são aquilo de que é feito o homem em sua variedade individual. A opção de estudar um cérebro "médio" em vez de tantos "cérebros" individuais pode ser considerada uma exigência metodológica, assim como estuda-se o átomo, não os átomos, o pinheiro, não os pinheiros, a formiga, não as formigas. No entanto, quando chegamos aos extremos mais avançados da evolução animal, percebemos que se torna relevante a individualidade de um organismo, e não só o fato de pertencer a uma espécie. Quando Pavlov estudava o comportamento dos cachorros, era obrigado, devido às marcantes diferenças individuais entre estes, a referir-se a cada um pelo nome, sempre especificando que determinado comportamento fora manifestado por Boby e não por Dick. Pavlov reduzia aquelas diferenças de comportamento a diferenças na atividade cerebral de cada cachorro. Com maior razão, não se pode fazer generalizações sobre o comportamento humano, afirmando, por exemplo, que o homem usa a mão direita por ser a dominante (e ligada, portanto, ao hemistério cerebral esquerdo dominante). Perguntar-nos-emos em vez disso: que homem? Em que atividade? Quando toca, quando joga? É um músico profissional? É medalha de ouro de florete?

Navegar no oceano

Os vikings do Oriente

O problema das diferenças individuais e culturais na organização cerebral tornou a ser proposto pela observação da extraordinária capacidade de orientação no espaço de populações de cultura de nível "primitivo".

Desde as primeiras explorações da Oceania, os navegadores europeus surpreenderam-se com a excepcional perícia na arte náutica dos povos que viviam naquele conjunto de ilhas. Em 1696, o calabrês Giovanni Francesco Gemelli Careri, que estava atravessando o Pacífico, das Filipinas às Américas, fazia as seguintes anotações, que se repetem, nos séculos seguintes, em todas as narrativas de exploradores e antropólogos:

"São extraordinários os barquinhos destas ilhas, tanto pela estrutura como pela velocidade. Eles são feitos em dois troncos curvos de árvores, escavados e cozidos junto com 'vexuco' ou junco. Seu comprimento é de cinco a seis braças; e como a largura não excede quatro palmos e viraria facilmente, acrescentam-se aos lados outros pedaços de madeira inteiros, que mantêm os barcos em equilíbrio. Quanto aos passageiros, como só comportam três marinheiros indígenas, há no meio dos barcos um tablado estendido de ambos os lados sobre a água, onde vai a gente que quer viajar. Dos três supracitados marinheiros, um está sempre no meio, esgotando a água que infalivelmente entra por cima e pelas comissuras do barco, e os outros dois encarregam-se de movimentá-lo e dirigi-lo nas duas extremidades. A vela é como a que chamamos de latina, feita de fibra de junco e do comprimento do barco; portanto, como um vento de popa pode fazê-lo virar facilmente, evitam-no quanto podem. Nenhum tipo de barco pode igualá-los, quanto à velocidade, já que fazem dez a doze milhas italianas por hora. Precisando voltar de algum lugar, muda-se apenas a vela, sem voltar a proa, e o que era popa torna-se proa, e quem estava na proa torna-se timoneiro e vice-versa. Precisando-se reparar o barco, colocam-se sobre a própria vela coisas e passageiros, e rapidamente se ajusta e se conserta uma vez virada, extravagância em que mal crêem os próprios espanhóis, que vêem-nos todos os dias".

Os antropólogos, a partir de Malinowski em seu livro *Argonautas do Pacífico Ocidental*, de 1922, têm ilustrado o papel central da navegação, com todas as atividades complementares (construir uma canoa, prepará-la para a viagem etc.), nas sociedades oceânicas. Por outro lado, a navegação foi o fenômeno mais importante da história das populações do oceano Pacífico, caracterizada por contínuas transmigrações de ilha a ilha. Sempre causou espanto o fato de que os navegadores do Pacífico, os "vikings do Oriente" (Buck), pudessem navegar centenas de milhas sem os instrumentos náuticos, que possibilitaram aos ocidentais realizar as mesmas empresas, mas só vários séculos depois. Em épocas mais recentes, a navegação "primitiva" no Pacífico foi estudada de maneira aprofundada, revelando um sistema extraordinário de regras e conhecimentos náuticos. Aliás, depois do estudo do antropólogo americano Thomas Gladwin, no livro *O Leste É um Grande Pássaro. Navegação e Lógica no Atol de Puluwat*, passou-se a citar o sistema de navegação no Pacífico como um exemplo de organização perceptiva e cognitiva de alto nível, própria de uma cultura específica, demonstrando a estreita relação entre formas culturais e sociais e processos mentais dos indivíduos.

Quando Gladwin quis reconstruir o sistema de navegação adotado em Puluwat, um atol das ilhas Carolinas, na Micronésia, a primeira dificuldade que enfrentou foi traduzir em termos ocidentais e de modo articulado um patrimônio de conhecimentos que, naturalmente, naquele povo analfabeto, não era escrito. Não só todo aquele patrimônio estava depositado na mente dos próprios navegadores, mas era organizado de formas estranhas ao modo de pensar ocidental, de acordo com uma "lógica" estreitamente aderente às exigências concretas da vida cotidiana e da cultura locais. Embora qualquer resumo desse sistema de navegação seja extremamente simplificativo, é provável que um breve aceno dê uma idéia da sua complexidade. As referências fundamentais, durante a navegação de uma ilha a outra, são constituídas, em primeiro lugar, por um sistema de coordenadas espaciais baseado na posição das estrelas e, além disso, da forma das ondas, dos ventos, dos recifes, do tipo de aves marinhas. Quando uma canoa se afasta da ilha, a rota é mantida olhando-se para trás, na direção de algum ponto de referência na própria ilha. Se, por exemplo, a canoa se dirige para Pulusuk, uma ilha ao sul de Puluwat, a rota é constituída de uma reta sobre a qual acham-se alinhados a fileira de árvores numa extremidade de Puluwat e o centro da ilhota de Elangelab (fig. 23). A rota deve ser corrigida, se há uma corrente de leste ou de oeste: referindo-se sempre à mesma fileira de árvores, busca-se o alinhamento com as árvores respectivamente à esquerda e à direita de Elangelab. Para dirigir-se a Pikelot, a noroeste, tem-se como referência as fileiras de árvores de Elangelab e a norte de Puluwat. Quando parte para Satawal, a oeste, o navegador mantém a rota olhando para trás e mantendo as fileiras de árvores do centro de Puluwat alinhadas com uma das "casas das canoas". Quando uma ilha não é mais visível, em alto-mar, o navegador utilizará, como referência, um recife que sabe encontrará em certo ponto, se a rota for justa, ou a forma da onda que bate contra a canoa. Gladwin distinguiu três tipos de onda (a "grande onda", a "onda do norte" e a "onda do sul"). Esses três tipos são dificilmente reconhecíveis à vista. Na verdade, parece que os navegadores de Puluwat se baseiam no movimento da própria canoa, no sentido do balanço da canoa que eles têm, sentido esse que, portanto, deve ser apuradíssimo. Os pássaros também são um sinal de que uma ilha não está distante. O escritor Michener conta a travessia (mais de três mil milhas) de canoa de Bora Bora a Havaí e o momento em que, finalmente, têm-se indícios de estar chegando à meta: "[...] devido à presença de aves, podia-se deduzir que a terra devia distar de, no máximo, umas sessenta milhas. Essa suposição

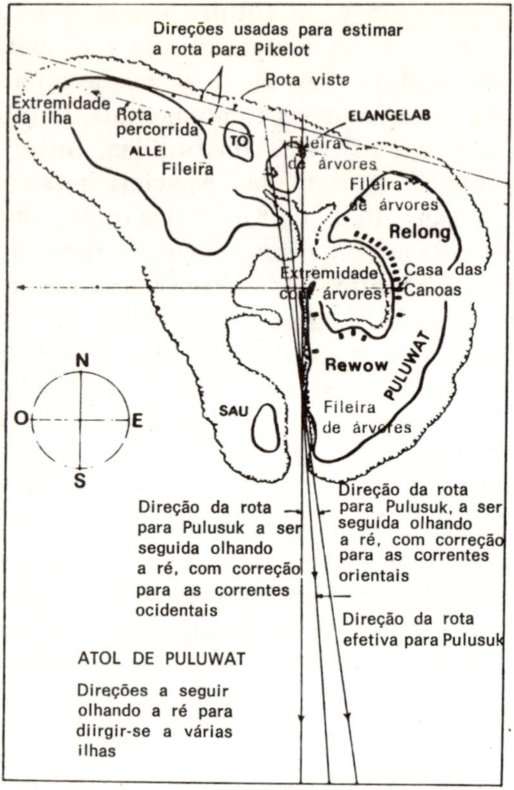

Fig. 23. Rotas para Pulusuk, Pikelot e Satawal, alinhadas aos pontos de referência em Pulusuk.

foi confirmada, quando Teura e Tupuna reconheceram, nas ondas do mar, um desenho característico, indicando que a pouca distância a profunda deriva ocidental do oceano se chocava contra uma barreira de recifes, da qual ricocheteavam ondas de retorno, que cortavam de través o movimento".

A modalidade fundamental de orientar-se durante a navegação, no entanto, é constituída por um sistema denominado *etak*. Navegando da ilha de partida à ilha de destino, toma-se como referência outra ilha situada mais ou menos à mesma distância das duas precedentes (fig. 24). A ilha de referência é "ideal", não é vista efetivamente durante a navegação, mesmo que o navegador possa conhecê-la, por ter sido a meta de viagens precedentes. No ponto de partida, a ilha de referência é alinhada, por exemplo, com a estrela *Gama* da constelação da Águia (onde se encontra *Altair*, o "Grande Pássaro" dos navegadores de Puluwat). À medida que se aproximam do destino, a ilha de referência se desloca, alinhando-se com outras estrelas. No exemplo da figura 24, com *Aldebarã*, as *Plêiades* etc., até a *Ursa Menor*, que corresponde à ilha de chegada. Cada segmento formado pela passagem de uma estrela a outra é um *etak*. O navegador de Puluwat sabe quantos *etaks* há para ir de determinada ilha a outra, podendo certificar-se, assim, a cada momento, da posição em que se encontra durante a navegação. Gladwin sublinhou que, com o sistema *etak*, não é medida a rota percorrida e a percorrer, como podemos fazer hoje em dia. Quando seguimos um caminho de automóvel, indo do trabalho para casa, não verificamos o odômetro para saber quanto falta para chegar, mas nos baseamos em pontos de referência conhecidos (um prédio, uma ponte etc.) no trânsito encontrado, na velocidade do carro e assim por diante, para fazer um cálculo realista da distância e do tempo necessário a cobri-la. Do mesmo modo, os navegadores de Puluwat têm, dentro da mente, um esquema, um mapa com os segmentos relativos a um ponto de referência, para verificar a rota e corrigi-la, conforme a situação contingente (força do vento, tipo de onda etc.). Por outro lado, cada *etak* é ligado aos outros indícios náuticos de que já falamos. O primeiro *etak* corresponde a um segmento de navegação durante o qual pode-se ver, a ré, a ilha de partida (cerca de dez milhas); o segundo segmento é o "*etak* dos pássaros", em que se podem ver as aves marinhas até onde são capazes de voar para longe da terra firme (outras dez milhas, mais ou menos). Os mesmos dois segmentos se reencontram no fim da viagem, quando se vêem de novo os pássaros e, depois, se avista a ilha. Os outros segmentos intermediários terão outras referências: por exemplo, espera-se encontrar um recife no quarto *etak*.

Já se mencionou que os psicólogos referiram-se ao sistema

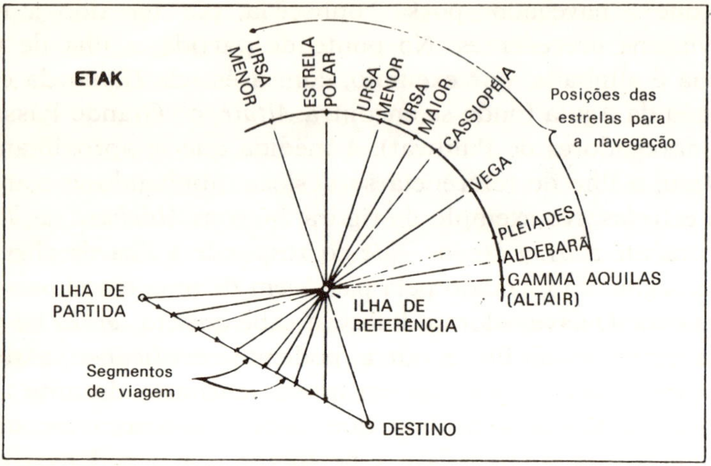

Fig. 24. O sistema *etak* de coordenadas.

etak para exemplificar o conceito de mapa cognitivo, isto é, o mapa que temos em nossa mente relativo ao espaço que nos circunda e em que vivemos. Assim, temos um mapa mental da nossa casa e podemos ir de um quarto ao outro até de olhos fechados, e temos outro mapa da nossa cidade, onde estão especificados os percursos a serem seguidos para ir ao trabalho, à casa de um amigo, ao cinema. Os mapas cognitivos não são um dado externo já pronto, uma informação pré-constituída sobre o ambiente, mas um esquema conforme o qual, segundo nossos conhecimentos e nossas finalidades, a mente organiza as informações ambientais. O sistema *etak*, que organiza as ilhas e as estrelas num sistema simples e funcional, é tal coisa apenas na mente dos navegadores de Puluwat. Ele se formou em seu cérebro gradualmente, após decênios e decênios de navegação, sendo transmitido de geração em geração. É um sistema que tem sua razão de ser unicamente naquela cultura, onde representa um elemento vital de sobrevivência, além de ser uma fonte das relações sociais, como sublinharam os antropólogos que estudaram as sociedades "primitivas" do oceano Pacífico.

Não podia faltar, porém, a referência às pesquisas recentes sobre os "dois cérebros" (o hemisfério esquerdo adicto às funções verbais e o hemisfério direito às funções visual-espaciais). A complexidade do sistema de navegação de Puluwat, baseado essencialmente num sistema de coordenadas espaciais, foi considerado, de fato, como o exemplo mais significativo e sofisticado da atividade do hemisfério cerebral direito. Os antropólogos americanos Paredes e Hepburn provocaram um longo debate, num artigo que escreveram em 1976, sobre a relação entre a dominância de um hemisfério cerebral e as formas de pensamento, a cultura de um povo. Os navegadores de Puluwat, tendo desenvolvido um tipo de cultura baseado na navegação e, portanto, nas funções visual-espaciais, teriam a organização cerebral amplamente dominada pelo hemisfério cerebral direito. Voltaremos novamente sobre esse problema da organização cerebral de indivíduos pertencentes a culturas diferentes. Entrementes, detenhamo-nos ainda um pouco sobre algumas situações de orientação no espaço, em que parece clara a superioridade do hemisfério cerebral direito.

O caminho de casa

Quando Zasetski, ferido na cabeça durante a guerra e tratado por Luria (já o encontramos na p. 26), recebeu alta do hospital e voltou para casa, percebeu que não encontrava mais o caminho:

"Tento me lembrar, também, onde fica o sul, o norte, o leste, o oeste, em relação ao sol, mas, por alguma razão, não consigo estabelecê-lo, tornando-se difícil para mim, naquele momento, até mesmo compreender em que direção o sol se move, se para a esquerda ou para a direita, e chego até a confundir o oriente com o ocidente, não consigo recordar como se faz para identificar o leste e o oeste. Passa alguém e pergunto: 'Para ir a Kazanovka, que caminho devo tomar?' Um dos passantes sorri e não responde, porque Kazanovka está bem ali, diante do meu nariz, pode-se vê-la do lado de lá dos arbustos. Outro diz: 'Olhe, está ali!' De fato, olho e vejo as casas de Kazanovka. É estranho eu não ser capaz de orientar-me, não consigo orientar-me no espaço [...] ainda não consigo voltar para casa [dizia alguns anos depois do ferimento] [...] começo a me perder, esqueço depressa onde estou e muitas vezes não consigo lembrar o nome do caminho que devo seguir. Assim ficou a minha cabeça depois do ferimento. Sou obrigado a ter sempre no bolso um caderninho, em que escrevi o nome do caminho, onde moro e o endereço completo".

Entre os vários distúrbios de Zasetski, além dos relativos à linguagem, havia, de fato, a incapacidade de orientar-se no espaço. A lesão estava localizada no hemisfério esquerdo, nas regiões parieto-occipitais. Embora os distúrbios de orientação espacial sejam devidos, às vezes, como no caso de Zasetski, também a lesões esquerdas, são característicos de lesões no hemisfério cerebral direito, considerado geralmente como a sede da "memória topográfica", ou, como diziam alguns neurologistas do passado, do "centro topográfico". Esses pacientes não se lembram de um percurso simples, como ir da cama na enfermaria do hospital ao banheiro, não distinguem a direita da esquerda, não são capazes de interpretar uma carta geográfica e, ao receberem alta do hospital, muitas vezes não se lembram dos trajetos mais familiares na sua cidade ou na própria casa. Esses pacientes reconhecem muitas vezes os pontos de referência (uma ponte, um campanário, uma loja etc.), mas não sabem mais organizar essas referências num esquema, num mapa que os oriente mentalmente passo a passo. Como se os navegadores de Puluwat vissem as ilhas e as estrelas isoladas, separadas umas das outras, e não conseguissem combiná-las no sistema *etak*. Kevin Lynch, no livro *A Imagem da Cidade*, especificou as referências fundamentais que cada indivíduo utiliza para construir em sua mente o mapa da sua cidade (edifícios, pontes, ruas etc.). Esses pontos de referência são organizados numa imagem complexa que varia de indivíduo a indivíduo e, como Lynch demonstrou, de cultura a cultura. Assim, os navegadores de Puluwat reconhecem uma rota no oceano, como os esquimós "vêem" determinado trajeto através de imensas extensões de gelo, ou os beduínos se orientam no

Saara através de quilômetros de deserto. Interesse particular suscitou, entre os antropólogos, a capacidade de orientação que têm os aborígenes da Austrália. Devido à seca contínua, os aborígenes são obrigados a procurar no deserto os pontos em que possam encontrar água. Esses percursos são transmitidos de pai para filho, o qual pode encontrar-se na situação de reconstituir o caminho mediante o mapa construído com base nas informações recolhidas dos anciões. Um estudo recente confrontou as capacidades espaciais de crianças aborígenes e crianças que vivem em regiões urbanizadas da Austrália, resultando uma nítida superioridade visual-espacial no grupo nômade.

Essa organização espacial complexa da mente é dificilmente verbalizável. O conjunto de informações utilizado pelos navegadores de Puluwat não é fragmentável em palavras; ele é "visto", sentido, por aqueles homens como um todo único. O antropólogo Gladwin verificava repetidamente, com seus mestres navegadores, se havia compreendido direito os ensinamentos destes, reexpondo com palavras, pedacinho por pedacinho, os elementos do sistema delas, mas chocava-se com uma justificada incompreensão de parte de seus interlocutores. Basta pensar no embaraço em que nos achamos quando um automobilista nos pergunta como chegar a determinado lugar: a primeira à direita, depois sempre em frente, depois a primeira à esquerda... Embora "vejamos" a imagem do trajeto, não conseguimos exprimi-la e, por seu lado, o automobilista acha difícil traduzir aquelas palavras numa sua imagem pessoal do espaço a percorrer.

Desde o primeiro ano de vida, a criança forma um mapa cognitivo da sua casa, um esquema que se torna cada vez mais articulado, ao aprender a andar e ir de um cômodo a outro. Com o passar dos anos, o mapa compreenderá a sua cidade, as cidades vizinhas e áreas geográficas mais ou menos extensas, em relação com as atividades do indivíduo e com a importância que essas atividades têm numa determinada sociedade. No caso dos navegadores de Puluwat ou dos aborígenes da Austrália, a posse de um mapa mental rico e detalhado do oceano e do deserto é um requisito fundamental de sobrevivência. Para o habitante de uma grande metrópole, que cada dia efetua percursos fixos, de automóvel ou de metrô, informado continuamente por sinais e placas, o mapa cognitivo não é, provavelmente, tão importante. A possibilidade de recorrer a indícios externos reduz a necessidade de um mapa mental complexo. Notei que, na Holanda, onde existe uma riquíssima sinalização das vias públicas, os automobilistas parecem não possuir um mapa mental, nem mesmo para percursos breves, pois recorrem aos mapas "escritos" com muito maior freqüência do que em outros países. Como se, para ir de Roma aos castelos de sua periferia, um automobilista romano consultasse um mapa de Lazio.(*)

Os mapas cognitivos formam-se no cérebro desde a infância e tornam-se o pano de fundo da vida cotidiana de todo indivíduo. Até mesmo quando a realidade exterior não corresponde mais às imagens fixadas na mente, elas continuam a viver, tornando a proporcionar as emoções sentidas num espaço que não existe mais. O protagonista de *O Bairro*, de Vasco Pratolini, retorna depois da guerra às ruas e praças de Santa Croce, em Florença, mas aquelas ruas e praças desapareceram:

"Agora, eu vagava na vasta esplanada, onde outrora havia as ruas e as casas da minha adolescência, onde nasci para a esperança... Exercitando a minha fantasia, procurava rememorar a Via de'Pepi e a Via dell'Ulivo; reconstruía a minha casa, inventava a janela onde, rapaz, gostava de debruçar-me a contar as estrelas, precisamente ali, onde, agora, havia um tapume disposto em quadrado e se adivinhavam os operários trabalhando nas fundações. Passeando pela esplanada, percebi que as pessoas que a atravessavam, em vez de cortarem em diagonal para encurtarem o caminho, seguiam instintivamente o traçado das antigas ruas."

(*) Nome dado a catorze povoados das imediações de Roma (Frascati, Velletri, Albano, Castel Gandolfo etc), conhecidos também por seus excelentes vinhos brancos. O Lazio é uma região onde está situada a província de Roma — NdT.

Quando o espaço é o cosmos

A orientação no espaço é uma capacidade do cérebro, em particular do hemisfério direito, diretamente relacionada ao ambiente em que o homem cresceu e viveu. Naturalmente, estamos nos referindo ao ambiente de determinada parte do globo terrestre: uma cidade da Europa ou da Ásia, uma geleira, um deserto. O mapa cognitivo será influenciado pelas condições ambientais específicas, a posição geográfica, a estrutura urbanística etc, mas dirá sempre respeito ao espaço terrestre em que o homem aprendeu a orientar-se.

Quando Yuri Gagarin, em 12 de abril de 1961, entrou no espaço extraterrestre, realizou-se pela primeira vez na história do homem, a experiência de movimentar-se no espaço sem obedecer à lei da gravidade, que condicionou a locomoção dos animais na terra. Gagarin conta em sua autobiografia:

> "[...] a passagem à condição de imponderabilidade ocorreu progressivamente. A um certo ponto, com a diminuição da força de gravidade, comecei a sentir-me maravilhosamente bem. Desprendendo-me da cadeira, encontrei-me suspenso entre o teto e o chão da cabina. Todos os meus gestos eram fáceis. Não sentia nem os braços, nem as pernas, nem o corpo, por não terem mais nenhum peso. Não estava nem sentado, nem deitado: literalmente, flutuava no interior da cabina junto com todos os objetos que não haviam sido fixados previamente".

Na ausência de peso, dentro da astronave, não é mais possível estabelecer qual é o alto, qual é o baixo, a direita ou a esquerda, referindo-nos à posição do corpo em relação ao plano terrestre. O sistema vestibular do ouvido, responsável pelo controle do equilíbrio, não é mais capaz de avaliar a posição do corpo em relação à terra. Os pontos de referência visuais costumeiros também fazem falta. Quando os cosmonautas olham através da vigia, enquanto a Terra está em cima, em relação à nave, é freqüente a ilusão de que a terra está, de fato, embaixo, como sempre esteve em relação ao nosso corpo. Ilusões do gênero, devidas à ausência de informações visuais e vestibulares, podem ser fonte de graves acidentes nas viagens extraterrestres. O problema da orientação no cosmos tornou-se, com efeito, um dos temas centrais das pesquisas de "psicologia cósmica", como é chamada pelos psicólogos soviéticos aquela parte da psicologia especializada no comportamento do homem no ambiente cósmico.

É ainda mais complexa a situação em que se encontra o cosmonauta quando está fora da nave, a que fica conectado apenas por um cabo. Nessa condição, estão ausentes até os pontos de referência que podia ter dentro da cabina: a cadeira está embaixo, determinado instrumento em cima, à direita etc, em relação à posição da astronave parada na Terra. Para formar um novo mapa cognitivo, que possibilite uma orientação essencial no espaço cósmico, os cosmonautas foram treinados para considerar a nave como o "baixo". Leonov, o cosmonauta da *Voskod-2,* recordava a propósito da sua primeira saída da nave espacial:

"No decorrer da nossa preparação na Terra, tinha sido estabelecido, para a orientação fora da astronave, um sistema de coordenadas em que o 'baixo' era a nave. [. . .] Servimo-nos de um modelo de nave espacial para precisar e fixar a *noção mental* [grifos nossos] segundo a qual o 'baixo' era a nave. Essa noção é conservada no momento de sair da nave espacial verdadeira. Em determinado momento, quando me distanciei da astronave, o impulso que exerci para tanto contra a sua parede, produziu o resultado de imprimir a meu corpo um movimento complexo de rotação em torno de seus eixos longitudinais e transversais. Diante dos meus olhos, puseram-se a girar estrelas opacas, que se recortavam sobre a curva infinita do céu, cuja cor violeta-escura passava gradativamente ao negro aveludado. De vez em quando, via somente duas estrelas. Depois, em vez de estrelas, vi a Terra e o Sol. Esse último brilhava com uma luz extraordinária e parecia encastoado no céu negro. Era-me impossível parar o movimento de rotação. A velocidade angular diminuía em conseqüência do enrolamento do cabo. No curso da rotação, embora não pudesse ver a nave espacial, eu continuava, porém, a me dar plenamente conta da sua posição e nem sequer por um instante fiquei desorientado. Podia determinar a minha posição no espaço em relação à nave espacial por meio do movimento das estrelas, do Sol e da Terra. Quando bem esticado, o cabo também constituía um bom ponto de referência".

Gagarin e o psicólogo soviético Lebedev, no livro que publicaram sobre a psicologia cósmica, prefiguram a orientação nas viagens interplanetárias segundo um sistema de coordenadas espaciais que recorda incrivelmente o sistema *etak*, embora numa versão de ficção científica:

"A Terra [como Puluwat] será o planeta de partida e de retorno. Quanto à orientação do veículo, será efetuada em relação às estrelas tomadas como referência. A velocidade cósmica a que voará a astronave interplanetária será, porém, tão insignificante em relação às imensas extensões do universo, que o céu estrelado parecerá fixo e imóvel, e os órgãos sensoriais do homem serão incapazes de perceber o movimento da astronave. Os cosmonautas deverão determinar a trajetória de vôo baseando-se nos ângulos dos astros de referência, medidos com o auxílio de sistemas ópticos. Introduzindo os dados obtidos num computador, terão a posição da astronave no sistema de coordenadas escolhido. Mas o cosmonauta não estará mais em condições de projetar essa posição sobre o globo terrestre. Ele deverá limitar-se a representar algum 'ponto abstrato' do espaço, que não é possível observar previamente ao telescópio".

A navegação no espaço cósmico será, portanto, guiada por um sistema abstrato de coordenadas, baseado cada vez em pontos de referência diferentes, segundo a trajetória e o destino da astronave. O cosmonauta, ao contrário do navegador de Puluwat, não poderá avaliar os deslocamentos da sua nave em relação a um ponto de referência, porque seu sistema visual não lhe permite perceber a grande velocidade em que se move. Tem a sensação de estar parado no espaço e só depois de longos intervalos de tempo pode ver que a Terra se afastou ou um planeta se aproximou. Embora o cosmonauta possa ter um mapa mental do espaço cósmico em que está se movendo, a construção deste depende necessariamente do emprego de um computador que forneça os dados sobre as coordenadas, a velocidade da astronave, e assim por diante. O computador torna-se o novo sistema sensorial de que o cosmonauta deverá dotar-se para orientar-se no espaço. Com seus sistemas sensoriais, que evoluíram nas espécies animais em relação ao ambiente terrestre, o homem não poderá viver no ambiente cósmico. A orientação no espaço cósmico é, provavelmente, o primeiro problema através do qual se entrevê a evolução do cérebro humano no futuro. Os homens que explorarão os espaços interplanetários valer-se-ão de seu cérebro, mas numa estreita interação com um sistema de análises da informação externa realizadas por um computador. Então, o computador não será apenas um instrumento auxiliar para ajudar o cérebro humano atual, permitindo uma maior velocidade ou uma memória mais capaz na elaboração da informação. Esse é o aspecto mais notável do uso dos computadores. No homem do cosmos, o computador tornar-se-á parte integrante do seu cérebro: esse homem só saberá orientar-se, comunicar-se e decidir mediante as informações fornecidas por seu computador.

O cérebro de um cientista

Cérebros grandes

Quando eu trabalhava no Instituto de Psicologia de Moscou, em 1972, pedi para visitar o Instituto do cérebro, para completar a minha série de encontros com os mais importantes estudiosos soviéticos de neurofisiologia e psicologia. Para ter acesso àquele Instituto, não bastou marcar um simples encontro, como fizera em outras ocasiões: tive que seguir um procedimento especial. Recebi, no quarto do meu hotel, a visita de um solícito senhor que me perguntou quais as razões do meu interesse pelas pesquisas em curso no Instituto. Dias depois, acompanhou-me até lá e confiou-me aos meus colegas neurologistas. Minha impressão foi de que aquele sujeito pouco tinha a ver com o cérebro, devendo apenas certificar-se sobre as intenções da minha visita. De fato, dei-me conta, depois, que se conservavam no Instituto "coisas de suma importância" e se efetuavam pesquisas protegidas pelo segredo de Estado. Ali se iniciara, desde os primeiros anos subseqüentes à Revolução de 1917, um grande projeto de conservação e estudo do cérebro de homens eminentes. Ao Instituto do cérebro de Moscou eram confiados os cérebros de grandes personagens, desde políticos — em primeiro lugar Lênin e, muito provavelmente, Stálin — a expoentes da arte, como Górki e Maiakóvski, e da ciência, como, obviamente, Pavlov, o mais conhecido estudioso russo do cérebro.

Nunca entendi porque o cérebro dos grandes homens fosse coberto pelo segredo de Estado. No entanto, não é só uma curiosidade soviética. Lembro-me ter lido em algum lugar que, quando as forças aliadas entraram em guerra, foi explicitamente pedido, nas condições de intervenção, que o cérebro de Mussolini fosse entregue, caso ele morresse, aos Estados Unidos, ainda que se tratasse apenas de um fragmento. Se se chegou a tal exigência, é porque deve ter havido um trabalho de pesquisa precedente, consistente o bastante para justificar a sua inserção num tratado político-militar. Contudo, quando interpelamos os anatomistas, obtivemos respostas céticas quanto à possibilidade de correlacionar a forma ou a composição celular — a chamada "cito-arquitetura" — do cérebro, às grandes capacidades políticas, artísticas, literárias ou científicas de um indivíduo. Os soviéticos (os próprios cientistas do Instituto de Moscou referido acima) publicaram, tempos atrás, um livro em que mostravam vários cérebros, sem indicar nem o nome do proprietário nem se este havia sido um homem famoso ou um desconhecido. Faziam questão de sublinhar a grande diferença entre um cérebro e outro, já no próprio nível superficial, observando a conformação das circunvoluções corticais: num, o lobo occipital era muito desenvolvido; noutro, o lobo parietal era muito reduzido, e assim por diante. Devemos notar que os autores soviéticos alertavam contra o risco de reduzir essas diferenças macroscópicas a características inatas do cérebro, segundo uma equação simplista pela qual quem nasce com uma parte de cérebro maior em relação a outras distinguir-se-ia nas capacidades (música, pintura etc.) que teriam sua sede anatômica naquela parte. Essas diferenças poderiam ser, em vez disso, o resultado de uma interação com o ambiente, devido ao qual de tanto ouvir música desenvolver-se-iam os centros cerebrais relativos. Essa hipótese alternativa, igualmente simplista, requereria, para ser corroborada, o estudo da morfologia do cérebro desde o nascimento até a idade adulta. Parece quase impossível realizar uma pesquisa do gênero no estado atual das coisas, quando ainda são imprecisos os dados essenciais relativos ao desenvolvimento do cérebro na idade infantil em comparação com o desenvolvimento da mente.

Que a cérebros diferentes correspondam mentes diferentes, é uma convicção antiga e difundida, mas desprezada pelos estudiosos sérios do cérebro. Só hoje, a quase dois séculos de distância, percebemos que as teses da frenologia ("estudo da mente"), propostas pelo francês Gall e uma miríade de seguidores seus nas primeiras décadas do século XIX, são algo simplistas, mas, não obstante, possuíam um princípio bem fundado e ainda válido. Gall sustentava que as diferenças intelectuais e morais entre os homens eram redutíveis a diferenças entre os seus cérebros (é esse o princípio ainda digno de atenção) e que essas características individuais eram imediatamente determináveis por uma inspeção do crânio. Se se visse e sentisse com as mãos um engrossamento do crânio, uma protuberância, podia-se supor que se tivesse desenvolvido uma maior quantidade de matéria cerebral, a qual empurrava o osso para fora. Aquela porção especial de cérebro, assim aumentada, era a fonte de uma capacidade intelectual particular de um indivíduo, bem como de suas virtudes e seus vícios. Claro, esse é o ponto fraco da frenologia, que obscureceu sua contribuição mais importante — a relação entre o cérebro e as funções mentais — numa época em que se acreditava que a mente fosse separada do cérebro.

Nas páginas precedentes deste livro, observamos várias vezes que o estudo das diferenças individuais na organização cerebral está pouco aprofundado. Talvez possamos dizer que isso se deve ao medo de ser ridicularizados como os velhos frenólogos, que apalpavam o crânio em busca de protuberâncias. Não menos promissor parece ser o estudo do cérebro dos cientistas, para os quais seguramente deve valer o dito: "cabeça grande, cérebro pequeno".

De fato, demonstrou-se infundada a tese proposta no século passado de que haveria uma relação direta entre o tamanho e o peso do cérebro e a inteligência. Foi feita, então, uma escala bastante precisa, segundo à qual os cérebros mais pesados, logo mais "inteligentes", pertenciam às "raças mais desenvolvidas" (isto é, em primeiro lugar, à raça branca); dentro de uma mesma raça, pesavam mais os cérebros dos homens que os das mulheres e, enfim, entre os homens, eram mais pesados os dos gênios.

Não obstante as repetidas alusões, recentes até, à dimensão e ao peso do cérebro como índice da inteligência de um indivíduo, essa relação não foi mais levada a sério pelos estudiosos.

Gauss

Por outro lado, um novo enfoque já havia sido proposto na metade do século XIX. Sustentava-se que, em vez do peso, devia ser considerada a morfologia do cérebro, em particular a forma e a extensão das circunvoluções, as pregas que se vêem na superfície cerebral. Em 1860, foi publicada a descrição do cérebro de Johann F. C. Gauss, o "rei dos matemáticos", falecido cinco anos antes. Resultava das tabelas do autor desse estudo, Rudolf Wagner, que, no cérebro de Gauss, havia um número maior de circunvoluções do que num simples operário (fig. 25). Gauss era o protótipo do gênio e do caráter inato das capacidades intelectuais de um indivíduo. Desde criança, demonstrara seu grande talento matemático, que não podia ter sido adquirido pelos seus pobres e incultos pais. Gauss aprendeu a ler sozinho, depois de aprender com eles os rudimentos do alfabeto. Ninguém ensinou-lhe a contar, mas dizia, adulto, que soubera contar antes de falar. O episódio mais famoso da precocidade de Gauss remonta a quando tinha dez anos e freqüentava a escola de um professor bronco, que se divertia perturbando e angustiando seus alunos com intrincados problemas de aritmética. No famoso livro de Bell sobre os grandes matemáticos, esse episódio é descrito assim:

"O heróico Büttner [o professor] podia dar-se o gosto de passar aos rapazes longos problemas, cuja solução ele achava em alguns segundos. Por exemplo, adicionar 81.297 + 81.495 + 81.693 + ... 100.890, onde a diferença entre dois números consecutivos é sempre a mesma (aqui, 198) e onde têm-se cem números a ser adicionados. Segundo o costume da escola, o primeiro aluno que encontrasse a solução punha a sua lousa na carteira, o segundo colocava a sua em cima da primeira, e assim por diante. Mal Büttner acabou de enunciar o problema, Gauss pousou a sua: 'Pronto. Pode oiá', disse na sua fala caipira. Depois, durante uma hora, en-

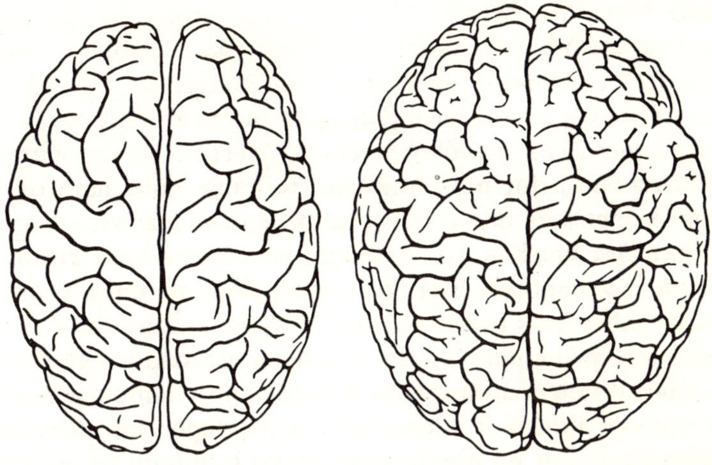

Fig. 25. Descobrindo-se que o cérebro de Gauss (à direita) não pesava tanto quanto fazia supor o seu gênio, considerou-se que sua genialidade tivesse a ver com o maior número de circunvoluções cerebrais em relação, por exemplo, ao cérebro de um "primitivo" da Papuásia (à esquerda).

quanto seus colegas quebravam a cabeça, ficou sentado, de braços cruzados, premiado de vez em quando com um olhar sarcástico do professor, que imaginava que o menor aluno da classe fosse o mais burro. Qual não foi a sua surpresa quando, observando as lousas, viu na de Gauss um só número escrito, que era o total exato. No fim da vida, Gauss se divertia contando essa história. É verdade que o resultado em questão é facilmente obtido quando se conhece as progressões aritméticas, mas ninguém havia mostrado a Gauss o truque para resolver rapidamente um problema desses e devemos reconhecer que, para um garoto de dez anos, é algo bastante extraordinário achá-lo sozinho instantaneamente. Foi assim que Gauss entrou na imortalidade. Büttner ficou tão maravilhado que mudou suas maneiras e tornou-se, pelo menos para um dos seus alunos, um professor humano. Comprou, de seu próprio bolso, o melhor manual que encontrou e deu-o a Gauss, que o assimilou num instante. 'É melhor que eu. Não posso ensinar-lhe mais nada', disse Büttner".

Esse episódio, que revelou o gênio matemático de Gauss, constituiu um dos exemplos centrais do trabalho do psicólogo alemão Max Wertheimer, dedicado aos processos do pensamento, às estratégias usadas pela mente para resolver um problema (*O Pensamento Produtivo*, 1945). Em vez de reduzir o gênio de Gauss a uma protuberância ou a um excesso de matéria cinzenta, os psicólogos como Wertheimer procuraram determinar os princípios fundamentais que governam os processos do pensamento e que constituem, portanto, a base da criatividade científica. Os matemáticos sempre fascinaram por seu ar de sonhadores distraídos, mergulhados numa profunda reflexão sobre seus problemas e constituíram, juntamente com os físicos, o principal tipo de cientistas estudados pelos psicólogos. A primeira característica deles que chamou a atenção pela sua singularidade e recorrência é a repentina descoberta da solução de um problema sobre o qual vinham quebrando a cabeça há tempos. Gauss, a propósito de um teorema que não conseguira resolver durante vários anos, escrevia numa carta: "Finalmente, há dois dias, consegui resolvê-lo, por obra de meus esforços dolorosos e pela graça de Deus. Como uma centelha súbita de iluminação, o enigma resolveu-se. Eu mesmo não sei dizer qual foi o fio condutor que conectou o que eu sabia precedentemente com o que tornou meu êxito possível".

Colocam-se, diante do pensamento, inúmeros fragmentos aparentemente sem conexão entre si, como eram para Gauss os elementos do seu teorema. Depois, vê-se repentinamente a solução, os elementos se ligam entre si, recompõem-se numa unidade, numa estrutura organizada que, precedentemente, era literalmente invisível. Essa repentina concatenação dos fragmentos pode ser experimentada observando-se a figura 26. Depois de a imagem se formar, aqueles fragmentos não nos parecem mais manchas pretas postas ao acaso numa folha de papel.

Não depende, pois, de uma iluminação divina a súbita solução de um problema, mas de um processo mental de reorganização dos dados já adquiridos. Wertheimer propôs-se a determinar esse processo. Os estudos recentes demonstram que o pensamento científico não é uma coisa excepcional, mas um

Fig. 26. Fotografia de um cão de fila (R. C. James).

conjunto de estratégias e fenômenos que se verificam no cérebro e que podem ser incrementados inclusive nos indivíduos em que não se acham plenamente realizados.

Einstein

Albert Einstein forneceu um testemunho preciso e valioso de seus processos de pensamento, respondendo ao matemático Jacques Hadamard, que estava fazendo uma pesquisa sobre a criatividade dos matemáticos:

"Caro colega,

Procuro responder brevemente, abaixo, às suas perguntas, da melhor maneira possível. Eu próprio não estou satisfeito com essas respostas e gostaria de responder a outras perguntas, se você achar que isso possa ter alguma utilidade para o trabalho interessante e difícil que empreendeu.

A) Não me parece que as palavras ou a linguagem, escrita ou falada, desempenhem um papel no mecanismo do pensamento. As entidades psíquicas que parecem servir de elementos do pensamento são determinados signos ou imagens mais ou menos claros, que podem ser reproduzidos e combinados 'voluntariamente'.

Naturalmente, há certa conexão entre esses elementos e os conceitos lógicos fundamentais. É claro, também, que o desejo de chegar finalmente a conceitos logicamente conexos é a base emocional desse jogo algo vago com os elementos supracitados. Mas, de um ponto de vista psicológico, esse jogo combinatório parece ser a característica essencial do pensamento produtivo: há, primeiramente, alguma conexão com a construção lógica feita de palavras ou outros tipos de signos que podem ser comunicados a outros.

B) No meu caso, os elementos supracitados são do tipo visual e, alguns, do tipo muscular. As palavras convencionais ou outros signos devem ser procurados arduamente apenas num segundo estágio, quando o supracitado jogo associativo está suficientemente estabilizado e pode ser reproduzido à vontade [...]".

Primeiro, uma forma de pensamento visual, depois a tradução de seus produtos em palavras ou outros signos convencionais (fórmulas, equações etc) para comunicar tais produtos a outros indivíduos. Esse processo é bem delineado na *Autobiografia* de Einstein: "Para mim não há dúvida de que o nosso pensamento funciona, geralmente, sem utilizar signos (palavras); é muito comum, aliás, que funcione de maneira consciente". Os signos intervêm na comunicação: "Não é absolutamente necessário que um conceito seja ligado a um signo reproduzível ou reconhecível pelos sentidos (uma palavra), mas, quando isso acontece, o pensamento torna-se comunicável".

Os processos de pensamento de Einstein foram um tema central do livro de Wertheimer já mencionado a própósito de Gauss. Wertheimer era amigo íntimo de Einstein: ambos professores em Berlim, foram para os Estados Unidos durante o nazismo. Wertheimer baseara-se numa análise retrospectiva, para explicar o pensamento de Gauss ou de Galileu. Para o pensamento de Einstein obteve um testemunho do seu próprio "produtor": "Foram dias maravilhosos, aqueles, começados em

1916, em que tive a sorte de sentar-me ao lado de Einstein, horas a fio, sozinhos em seu gabinete, e dele ouvir a história da evolução dramática do pensamento que culminou na teoria da relatividade. No decorrer daquelas longas discussões, fiz a Einstein perguntas detalhadas em relação aos acontecimentos concretos do seu pensamento. Ele não os descreveu de modo indeterminado, mas discutindo comigo a gênese de cada problema".

Na conversa de Wertheimer com Einstein tornam a aparecer as afirmações sobre a relação pensamento-linguagem ("Raramente penso com palavras: primeiro tenho um pensamento e só depois posso procurar exprimi-lo com palavras") e sobre a visualização dos problemas ("[...] durante todos aqueles anos, tinha uma sensação de direção, de caminhar rumo a algo de concreto. Naturalmente, é muito difícil exprimir com palavras essa sensação [...] Naturalmente, por trás dessa direção, há algo de lógico, que em mim, no entanto, está sempre presente sob a forma de uma espécie de visão geral, presente de um modo visual, em certo sentido".

A interpretação que Wertheimer deu do "pensamento que levou à teoria da relatividade" foi criticada recentemente, por ter sido mais uma pesquisa "forçada" para corroborar a teoria de Wertheimer sobre o "pensamento produtivo", do que uma reconstrução histórica correta. Wertheimer delineou o processo de pensamento de Einstein como uma seqüência de reestruturações conceituais até a introdução de uma nova "visão" do problema, determinada pelo papel principal assumido por um elemento precedentemente secundário (a velocidade da luz como constante). Esse elemento tornar-se-ia a chave para reconstruir numa nova estrutura conceitual (a teoria da relatividade) todos os outros elementos da física clássica (espaço, tempo, movimento etc).

Para além das críticas possíveis sobre a sua fidelidade histórica, o trabalho de Wertheimer representa um caso raro de pesquisa sobre o pensamento científico e criativo realizado por um psicólogo diretamente com um cientista. No entanto, nos Estados Unidos, onde se produzem milhares de pesquisas de psicologia cada ano, haveria cientistas e prêmios Nobel em abundância, além dos habituais estudantes universitários, para servirem de sujeito dessas experiências. A escolha do estudante universitário "médio" corresponde, porém, a um enfoque comum também nesse âmbito de estudos, enfoque esse sobre o qual já nos detivemos várias vezes. O experimentador considera que é mais rigoroso e plausível indagar quais são, "em média", os processos do pensamento, anulando ou controlando na medida do possível as diferenças individuais. Pergunta-se qual é *a* estratégia seguida para resolver um problema, não se existem estratégias específicas usadas pelos diferentes indivíduos separadamente. A questão torna-se ainda mais crítica devido ao fato de que os sujeitos escolhidos para definir essa estratégia são, em geral, estudantes universitários, por sua vez ainda mais específicos, isto é, americanos.

Sei que o cérebro de Einstein, depois da sua morte, passou por várias vicissitudes e que alguém achou ser possível nele descobrir a origem do gênio. Já observei que a hipótese dos "cérebros grandes" não é a hipótese correta para explicar o pensamento de um cientista, ou de outro criador qualquer. É preciso determinar a organização funcional do cérebro, como se conectam os diversos sistemas cerebrais de que dependem as funções mentais. No caso de Einstein, podem-se emitir hipóteses sobre a organização funcional do seu cérebro referindo-se a outras pesquisas neuropsicológicas. A centralidade do pensamento visual pode ser interpretada como a dominância funcional do hemisfério cerebral direito nos processos criadores de pensamento de Einstein e, vice-versa, a secundariedade da linguagem verbal como a subordinação funcional do hemisfério cerebral esquerdo. Há vários testemunhos sobre as dificuldades de linguagem do menino Einstein. Sua irmã Maja escreveu, na biografia, que Albert não falou até os três anos e, até os sete, repetia as palavras com os lábios, silenciosamente, depois de tê-las pronunciado. O próprio Einstein escreveu acerca de seus problemas com as palavras, em 1954: "Meus pais preocupavam-se por eu ter começado a falar relativamente tarde e consultaram um médico a esse respeito. Não sei dizer que idade eu tinha então, mas sem dúvida no mínimo três anos. Aliás, mais tarde, nunca me tornei propriamente um

Fig. 27. Einstein tocando violino (desenho de Leonid Pasternak).

orador. Todavia, meu desenvolvimento ulterior foi absolutamente normal, à parte uma singularidade: costumava repetir em voz baixa as minhas próprias palavras". Einstein não foi bem na escola, principalmente quando tinha de aprender de cor noções verbais: "Como aluno — recordava —, não era nem particularmente bom, nem particularmente ruim. Meu maior defeito consistia na péssima memória, principalmente para palavras e textos". A falta de gosto pelas noções verbais logo foi acompanhada do entusiasmo pelo mundo visual da geometria, que a paixão precoce pela construção de complicados castelos de cartas e cubos de madeira já havia prenunciado. A esse propósito, costuma ser citado nas biografias de Einstein o trecho da *Autobiografia* sobre o "deslumbramento" e a impressão suscitados, aos doze anos, pela leitura de um livro de geometria plana. Numa mente criativa, que se baseia na atividade do hemisfério cerebral direito, a música devia ser, seguramente, fonte de inspiração e de prazer, e Einstein, que tocava violino como um profissional (fig. 27), afirmou que "a música não influi na pesquisa, mas ambas derivam da mesma fonte de inspiração e se completam reciprocamente no sentido de libertação que proporcionam". As observações sobre a música e as características estéticas dos grandes músicos, feitas por Einstein, fundavam-se no conceito de "estrutura arquitetônica", a mesma organização que seu amigo Wertheimer chamava de *Gestalt* (forma), aplicando-a tanto ao mundo visual, como ao mundo musical.

Criatividade e comunicação, Oriente e Ocidente

Insistiu-se recentemente sobre os processos da imaginação e o papel das imagens visuais na criatividade científica. Os testemunhos dos cientistas a esse propósito são múltiplos. Citamos Einstein como o exemplo típico de um pensamento visual necessário para encarar problemas dificilmente deslindáveis por meio de palavras. Com efeito, o desenvolvimento da física neste século pôs em evidência a importância da "visualização mental" ao tratar problemas não visíveis à vista desarmada. O mundo físico tornou-se cada vez mais invisível aos nossos olhos e, ao mesmo tempo, cada vez menos descritível mediante palavras. Nas décadas de 10 e 20, a possibilidade de visualizar os fenômenos descritos pelas novas teorias físicas esteve no centro de um debate teórico entre cientistas. Uma coisa era visualizar que a Terra gira em torno do Sol e não vice-versa, ou que os corpos se atraem; outra coisa, bem diferente, imaginar o que eram os quanta de energia, os elétrons, os fótons,

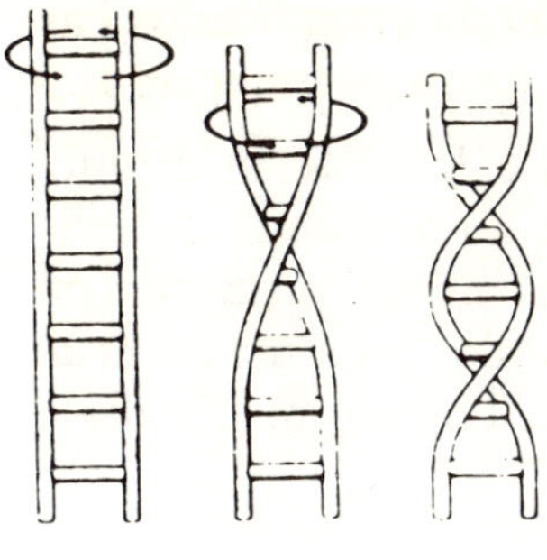

Fig. 28. A molécula de ADN pode ser representada como uma dupla hélice formada torcendo-se uma escada com degraus flexíveis.

as órbitas. Uma vez produzida a nova imagem visual, colocar-se-ia, porém, o problema de comunicá-la verbalmente: "Os problemas da linguagem — escrevia o físico Heinsenberg — são realmente sérios nesse campo. Queremos falar, de algum modo, da estrutura dos átomos e não só dos 'fatos'. Esses últimos podem ser, por exemplo, dois pontos pretos numa chapa fotográfica ou duas gotinhas de água numa câmara de névoa. Mas não podemos falar do átomo na linguagem ordinária".

No relatório de Watson sobre a descoberta, junto com Crick, da estrutura molecular do código genético (ADN), sobressai tanto o processo de visualização ("Fazia cerca de duas horas que eu estava deitado, feliz, com dois pares de adenina girando diante dos meus olhos fechados"), como a repentina iluminação ("De repente, dei-me conta que um par de adenina-timina mantido por duas ligações de hidrogênio tinha a mesma forma que um par de guanina-citosina mantido por ao menos duas ligações de hidrogênio") (fig. 28). Para explicar a estrutura do ADN, representamos na figura uma escada torcendo-se em torno de si mesma. Cada degrau representa uma macromolécula. Essa estrutura foi denominada freqüentemente de "dupla hélice". É quase supérfluo repetir que uma coisa é representar visualmente esse estrutura, outra é descrevê-la com palavras. Essas imagens visuais são simples e simétricas, como o são as imagens em que se baseia a produção dos artistas, também elas giráveis num espaço de várias dimensões.

A dissociação entre pensamento visual e pensamento verbal, entre criatividade (artística e científica) e reprodução verbal requer a especialização dos dois hemisférios cerebrais.

Todavia, como já vimos ao analisar os músicos, não é previsível que os cientistas utilizem apenas o hemisfério direito. Provavelmente, esse hemisfério prevalece no momento da criatividade, mas a articulação analítica dos novos produtos do pensamento é função do hemisfério esquerdo. O momento criativo visual é inevitavelmente seguido pela linguagem. Escrevia Vygotski:

"Muitas vezes, um orador emprega vários minutos para desenvolver um único pensamento, porque ele está contido na sua mente como um todo global e unitário, não se constituindo um pouco de cada vez, por unidades separadas, como se constitui a linguagem. *Aquilo que no pensamento está contido simultaneamente, no plano da linguagem se realiza em ordem de sucessão.* O pensamento poderia ser comparado com uma nuvem que derrama um aguaceiro de palavras. A passagem do pensamento à linguagem é um processo muito complexo, que pressupõe o fracionamento do pensamento e sua reunificação e expressão em palavras". [grifos nossos]

O contraste entre mundo ocidental e mundo oriental, como se exprime na arte, na literatura, na filosofia e na religião, foi reduzido, por vários estudiosos, ao prevalecimento de um dos dois hemisférios cerebrais na atividade mental. A cultura oriental, sintética e intuitiva, basear-se-ia nas funções do hemisfério direito, e a cultura ocidental, analítica e racional, no hemisfério esquerdo. Indicações nesse sentido já nos foram proporcionadas pelos dados sobre os cérebros dos japoneses e sobre as capacidades cognitivas dos navegadores da Oceania. Nessas populações, o hemisfério cerebral direito teria uma importância central para muitos processos mentais. Todavia, é preciso reconhecer que as provas dessa dicotomia entre ocidentais e orientais, baseada nos dois cérebros, são, ademais, indiretas, ou, melhor, são extrapolações e conjecturas a que não corresponde uma experimentação verificativa sistemática. É fácil fazer uma lista de adjetivos contrapostos, cada um dos quais qualifica um dos dois hemisférios, como a popular lista de Baken, segundo a qual o hemisfério esquerdo tem uma série de atributos (verbal, analítico, abstrato, racional, temporal, digital, ativo, tenso, eufórico etc) opostos aos do hemisfério direito (pré-verbal, sintético, concreto, emotivo, espacial, analógico, passivo, relaxado, deprimido etc). Outra coisa é demonstrar que determinado atributo em determinado indivíduo (eufórico) ou em determinada atividade mental (pensamento analógico) depende efetivamente do prevalecimento de um dos dois hemisférios. A generalização torna-se temerária quando a dicotomia não serve apenas para distinguir dois tipos de indivíduos, mas também duas culturas inteiras. Os fatores de diferenciação entre o mundo oriental e o mundo ocidental são múltiplos e interdependentes. Determinar se essa interação de fatores é mediada por uma organização cerebral é uma empresa árdua, para a qual as ciências do cérebro ainda não estão maduras. Claro, é sugestivo, como fez Ornstein em seu livro *A Psicologia da Consciência* (1972), provar que o cérebro de um oriental é desequilibrado pela lado direito, referindo-se aos conteúdos das teorias filosófico-religiosas e às técnicas de meditação, como no Zen e no Sufismo. Quando se requer a anulação do pensamento racional e das palavras para mergulhar na intuição pura, uma técnica aconselhada consiste em contemplar figuras geométricas regulares, configurações espaciais que seriam, precisamente, apanágio do hemisfério direito. Assim, quando Don Juan, um feiticeiro mexicano, instrui o escritor e antropólogo americano Carlos Castañeda, ele indica como técnica, para conquistar uma nova consciência de si, "ver" e não "falar".

O cérebro de um cego-surdo-mudo

Conhecer através do tato

Diante de um vasto auditório de estudantes e professores de psicologia da Universidade de Moscou, em fevereiro de 1975, Serguei Sirotkin, Iura Lerner, Sacha Suvorov e Natacha Korneeva, quatro jovens cegos-surdos-mudos de nascimento, apresentaram suas dissertações para obterem o diploma de psicologia. Embora falassem com alguma dificuldade de articulação, conseguiram fazer-se compreender perfeitamente. O espanto suscitado no auditório não derivara de terem aprendido a falar, mas da riqueza dos conhecimentos e da profundidade das argumentações apresentadas. Os psicólogos soviéticos mais conhecidos deste século, como Aleksei N. Lontiev e Aleksandr R. Luria, filósofos e cientistas, intervieram na discussão para precisar o significado teórico do êxito obtido por aqueles quatro estudantes. Em primeiro lugar, apareciam dados de interesse excepcional para a psicologia do desenvolvimento da mente de indivíduos privados de informação visual e auditiva; além disso, era a confirmação da validade de um programa educacional aplicado e aplicável a vários indivíduos.

Tive o raro privilégio de conhecer e freqüentar o maior filósofo soviético contemporâneo, Evald. V. Ilienkov, autor de obras fundamentais sobre Marx e sobre a dialética, traduzidas em várias línguas. Evald era um intelectual russo típico, que passava a noite em longas discussões filosóficas entre um e outro copo de vodca. O tema central, nos últimos anos da sua vida, tornou-se o pensamento dos quatro estudantes cegos-surdos-mudos, com quem estabelecera uma amizade fraterna. Comunicava-se com eles através de uma linguagem manual (o cego-surdo-mudo recebe na mão esquerda movimentos específicos da mão direita do interlocutor, por exemplo: o indicador deste toca no polegar daquele, o que significa A; se toca o médio, significa I; se pega o mindinho, significa S etc). Ilienkov colocava continuamente questões filosóficas: como tinham desenvolvido os conceitos de belo, justo, como podiam representar-se os objetos, as cores, que "viam" em suas mentes quando comunicavam-se com outras pessoas? Evald ficou quase obcecado com a possibilidade de resolver ou, pelo menos, de encarar de maneira mais adequada os problemas que haviam atormentado os filósofos durante séculos. Infelizmente, as observações recolhidas permaneceram inéditas, devido a sua morte. Lembro-me como, durante uma noite insone, Evald fez uma comparação que me impressionou. Ele era inimigo de qualquer teoria do cérebro humano concebido como uma máquina, um computador. Amigo de Leontiev e de Luria, havia assimilado a teoria que eles defendiam, de que o cérebro é um órgão de um homem concreto, que vive num ambiente social específico, e não uma máquina pré-fabricada, sem individualidade. Todavia, para fazer-se entender melhor, ele comparou o cérebro de um cego-surdo-mudo a um computador que só elabora e produz informação com base na informação que outro homem lhe fornece. Uma criança cega-surda-muda só recebe informação se uma pessoa fornecê-la através dos sentidos íntegros: o tato e o olfato. De outro modo, permanece isolado num mundo inconcebível para nós. Helen Keller, o caso mais conhecido de um ser humano privado da vista, da audição e da palavra, descreve assim essa condição:

"Antes que a minha professora viesse a mim, eu não sabia que existia. Vivia num mundo que não era mundo para mim. Não espero conseguir descrever adequadamente aquele inconsciente, embora consciente, estado do *nada*. Ignorava que sabia alguma coisa, que vivia, agia, desejava; não tinha nem vontade, nem intelecto; eu era impelida para objetos e ações por um impulso cego natural, instintivo. Só tinha uma inclinação para a cólera, o prazer, o desejo... Não era noite e não era dia, mas um vazio que absorvia o espaço, uma estabilidade sem fundamento. Não havia estrelas, nem terra, nem tempo, nem freio, nem mudança, nem bem, nem crime".

Como um computador, o cérebro de um cego-surdo-mudo necessita ser "aprovisionado" de informação, porque não pode adquiri-las através dos órgãos do sentido. No entanto, ao contrário de um calculador, o cérebro de tal indivíduo é sempre o cérebro de um homem, dotado geneticamente da sua potencialidade de desenvolver formas complexas de pensamento. Esse era o paradoxo que fascinava o filósofo Ilienkov. Os quatro estudantes de psicologia, tal como todos os outros homens, tinha desenvolvido uma forma de raciocínio superior, embora sem a medição dos órgãos de sentido. A única mediação fundamental é constituída pela comunicação com outro homem, através da qual o cego-surdo-mudo se apossa da informação sobre o mundo exterior. Esse é um ponto central das pesquisas soviéticas sobre as crianças privadas de funções sensoriais. O desenvolvimento da mente é realizado, nessas crianças, como nas crianças normais, através da *interação* com outro indivíduo, — um familiar, um professor, um coetâneo —, através de uma relação social. Os psicólogos soviéticos polemizaram com algumas posições ocidentais, que não puseram em evidência a importância da relação social para o desenvolvimento mental de crianças deficientes. O caso típico é o de Helen Keller, já mencionado. Keller, nascida no Alabana em 1880 e falecida em 1968, depois da educação e do contato contínuo com a sua professora, Anne Sullivan, atingiu um nível cultural notável, fez-se amiga de literatos, tornando-se ela mesma escritora. Sua história foi interpretada como um "milagre", o sinal da providência divina. Keller falava do "despertar da sua alma", por uma espécie de iluminação. O psicólogo e pedagogo Aleksandr I. Meshcheriakov, que dirigiu a escola de Zagórski, no famoso monastério a cerca de 70 quilômetros de Moscou e onde foi desenvolvido o programa de educação especial para crianças cegas-surdas-mudas, chamou a atenção para as observações autobiográficas de Keller. Delas, extrai-se a confirmação precisa de que a menina começou a sair do "nada" através das relações com a negrinha Martha Washington. Helen tinha dois a três anos, Martha seis.

"Não me lembro que quando me dei conta de ser diferente dos outros, mas soube-o com certeza antes da chegada da professora. Percebi [quando aconteceu-lhe tocar a boca das pessoas próximas e notar os vários movimentos dos lábios] que meus próximos não se serviam de sinais como eu, quando necessitavam de alguma coisa, mas falavam com a boca. Às vezes, encontrando-me entre duas pessoas que conversavam, tocava os lábios delas e, não podendo compreender, irritava-me, mexia os lábios freneticamente, gesticulando, sem resultado [. . .] No entanto, Martha Washington compreendia meus sinais e eu quase sempre conseguia fazer com que ela fizesse quase tudo que eu queria [. . .]. Não podia dizer a Martha Washington que queria ir buscar ovos, mas dobrava as mãos e baixava-as em direção ao chão, significando alguma coisa espalhada no solo, e Martha logo compreendia."

A importância das relações sociais com as outras crianças aparece freqüentemente nos escritos de Keller. Quando foi ao famoso Instituto Perkins para cegos, em Boston, a pequena Helen teve uma experiência decisiva:

"Mal cheguei ao Instituto Perkins, comecei a travar amizade com crianças cegas. É impossível descrever a alegria que senti ao perceber que sabiam o alfabeto manual. Finalmente, eu podia falar com as outras crianças sem precisar de intérpretes! Não percebi logo que meus novos amigos eram cegos. Sabia o que significava não poder ver e me parecia impossível que aquelas crianças vivas e afetuosas, que se reuniam em volta de mim e brincavam cordialmente comigo também fossem cegas. Lembro-me da surpresa e da pena que senti quando notei que punham suas mãos sobre as minhas quando eu falava com eles e que liam os livros com os dedos. No entanto, eram tão felizes e alegres que, estando em sua companhia, desaparecia todo sentimento de culpa".

Além da relação social, outro aspecto foi particularmente posto em evidência pelos autores soviéticos: a importância de uma valorização adequada dos gestos. Lemos que Helen fazia gestos que só eram compreensíveis para Martha. Alguns pedagogos do passado consideravam que se devesse ensinar diretamente uma linguagem tátil complexa, sem um emprego intermediário dos gestos. Os psicólogos soviéticos, ao contrário, partiram do gesto, primeiro como imitação direta de uma ação (como fazia Helen para indicar as galinhas que andam no chão) e, gradualmente, como expressão cada vez mais contraída e simbólica da própria ação, até chegar a um pequeno movimento dos dedos para indicar uma letra ou uma palavra. Os primeiros gestos são desenvolvidos para comunicar uma necessidade elementar (p. ex., comer: a criança faz o gesto de levar a colher à boca), cuja satisfação é obtida através de uma relação com os outros indivíduos (no exemplo, alguém dá de comer à criança). A comunicação das necessidades num contexto de relações sociais torna-se o ponto de partida para a educação das crianças deficientes, segundo os psicólogos soviéticos.

A passagem do gesto à palavra e ao conceito pode ser, mais uma vez, resumida com a citação de um trecho central da autobiografia de Helen Keller, que vale a pena reproduzir integralmente. O trecho se refere ao primeiro encontro com a professora Anne Sullivan.

"Senti passos que se aproximavam e estendi a mão, pensando que fosse mamãe. Alguém apertou-a, eu fui erguida e envolta nos braços daquela que iria me revelar o universo e, principalmente, me amaria.

Na manhã seguinte, a professora levou-me ao seu quarto e deu-me de presente uma boneca, que me fora mandada por uma menina cega do Instituto Perkins e fora vestida por Laura Bridgeman.

Mas só vim a saber disso muito mais tarde. Então, brinquei um pouco com a boneca, enquanto a senhorita Sullivan batia na minha mão a palavra "b-o-n-e-c-a". Logo me interessei pelo movimento dos seus dedos, procurando imitá-lo e, quando, finalmente, consegui formar corretamente a palavra fiquei cheia de orgulho e alegria infantil. Desci correndo até a minha mãe e, segurando-a pela mão, formei as letras da palavra boneca. Não sabia estar soletrando uma palavra; aliás, não sabia sequer que as palavras existiam, mas mexia os dedos, imitando os gestos como uma macaca.

Nos dias seguintes, aprendi a soletrar daquela maneira estranha muitas palavras, como alfinete, chapéu, copo, e alguns verbos, como sentar, ficar de pé, andar. Mas foi preciso várias semanas até que eu compreendesse que cada coisa tinha um nome.

Um dia, quando eu brincava com a boneca nova, a professora pôs no meu colo a minha bonecona de pano e soletrou: "b-o-n-e-c-a". Tentou fazer-me compreender que a palavra "b-o-n-e-c-a" referia-se a todas as duas.

Poucos dias depois, tivemos um problema com as palavras "c-o-p-o" e "á-g-u-a". A senhorita havia tentado imprimir na minha mente que "c-o-p-o" é copo e "á-g-u-a" é água, mas eu continuava a confundir as duas coisas. Então, a senhorita deixou o problema de lado, para retomá-lo no momento oportuno.

Suas tentativas repetidas me irritavam tanto, que joguei a boneca nova no chão. Quando senti em meus pés os pedaços da boneca quebrada, senti-me aliviada e acalmada, sem o menor arrependimento ou remorso pela minha violência.

Não gostava da boneca: naquele mundo escuro e silencioso em que eu vivia não havia lugar para sentimentos e para a ternura. Sentindo que a professora juntava os pedaços num canto da lareira, experimentei um sentimento de satisfação, porque a causa do meu mal-estar havia sido removida.

A senhorita me trouxe o chapéu, e compreendi que íamos sair para gozar o sol. Tal pensamento — se é que se pode chamar de pensamento uma sensação não articulada — fez-me pular e sair correndo de alegria.

Tomamos o caminho que levava ao paço, atraídas pela fragrância das madressilvas que o cobriam. Alguém estava tirando água, e a professora pôs a minha mão sob o jato; depois, enquanto a corrente fresca escorria-me sobre a mão, soletrou sobre a outra mão a palavra 'água', primeiro lentamente, depois cada vez mais depressa. Eu fiquei ali, imóvel, atenta ao movimento dos seus dedos. De repente, tive a obscura percepção de algo esquecido — um arrepio pelo reaparecimento de uma coisa esquecida — e se me desvendou o mistério da linguagem. Compreendi que 'água' significava aquele frescor maravilhoso que escorria na minha mão. As palavras vivificantes despertavam minha alma, iluminavam-na, alentavam-na, davam-lhe esperança. Ainda havia barreiras, é verdade, mas, com o tempo, todas elas seriam superadas.

Afastei-me do poço tomada pelo desejo de aprender. Todas as coisas tinham um nome e cada nome fazia nascer um novo pensamento.

De volta à casa, parecia-me que cada objeto que eu tocava vibrava com uma nova vida. Era porque eu via tudo com a estranha vista que acabara de receber.

Na porta de entrada, lembrei-me da boneca que quebrara. Corri até a lareira e recolhi os pedaços, procurando inutilmente recompô-los. Então, meus olhos se encheram de lágrimas, porque compreendi o que fizera e, pela primeira vez, experimentei o arrependimento e a dor.

Naquele dia aprendi uma porção de palavras novas. Não me lembro quais, mas sei que aprendi, entre outras: mãe, pai, irmã, professora, palavras que fizeram o mundo florir para mim, 'como a vara de Aarão' ".

Mãos e cérebro

Laura Bridgeman, mencionada pela Keller, perdera a vista, a audição e a palavra aos dois anos de idade, em conseqüência de uma febre fortíssima. Ela aprendeu o alfabeto manual no Instituto Perkins, de Boston, onde Anne Sullivan, a professora de Keller, também recebeu seu treinamento. O fundador do Instituto e professor de Laura Bridgeman foi Samuel G. Howe, um nome hoje esquecido, mas uma grande figura dos círculos progressistas americanos do século passado. Howe também insistiu sobre a importância do sentido do tato e do gesto para o desenvolvimento mental dos cegos. Quando Laura Bridgeman morreu, seu cérebro foi submetido a uma pesquisa minuciosa de parte do neurologista americano Donaldson, para determinar se a privação contínua do estímulo visual e auditivo havia produzido modificações anatômicas no córtex cerebral. De acordo com os dados de Donaldson, o cérebro de Laura apresentava, efetivamente, modificações estruturais anormais. Todavia, a descrição antômica *a posteriori* não é suficiente para saber como funciona o cérebro de um indivíduo privado das funções sensoriais. É de se esperar que um homem, a quem faltem a vista e a audição, possua uma organização anatômica insólita em seu córtex visual e auditivo. É um enfoque, por assim dizer, negativo, muito criticado pelos psicólogos soviéticos. Descreve-se que coisa *não* há num indivíduo deficiente (que não fala, não vê etc). Anatomicamente, isso é expresso dizendo-se que esta ou aquela parte do cérebro está lesionada, mas não se diz como funcionam as partes íntegras, não se diz como funciona, de fato, *esse cérebro particular.*

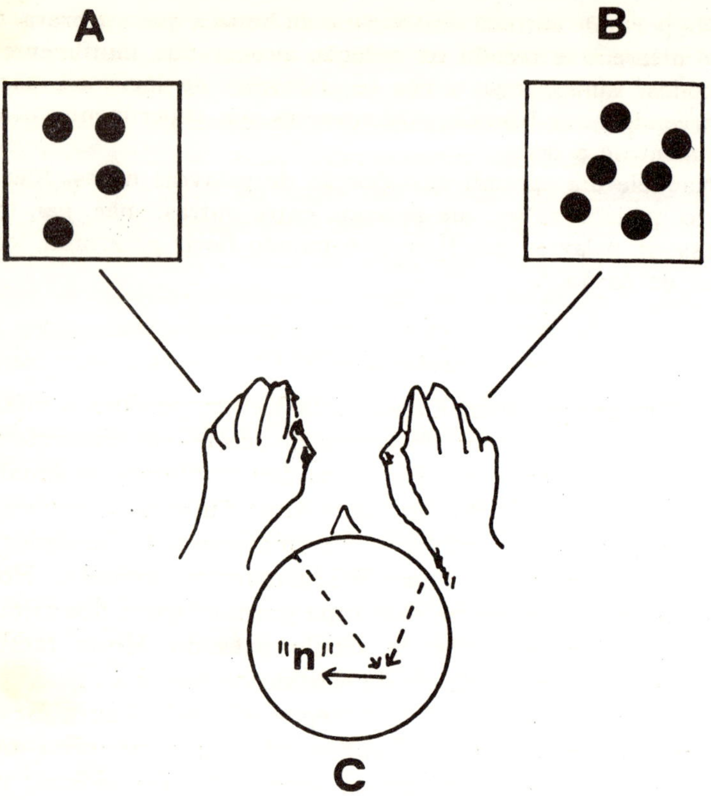

Fig. 29. Os pontos em A (tocados com a mão esquerda) e os pontos em B (vistos) são discriminados em suas configurações espaciais pelo hemisfério cerebral direito (C). O hemisfério esquerdo reconhece, na configuração de A, a letra "N" (de acordo com o alfabeto Braille).

Keller escrevia claramente: "Os críticos comprazem-se em dizer o que não podemos fazer [. . .] Eles negam, *a priori*, o que não viram, mas que eu senti". Um enfoque um pouco mais correto é o do fisiologista russo Kogan, que estudou a atividade elétrica do cérebro de um cego-surdo-mudo, não tanto para pôr em evidência uma ausência de determinadas ondas cerebrais, quanto para determinar a presença de formas específicas de atividades cerebrais não presentes nos sujeitos de controle. Esses últimos tornam-se, assim, o caso negativo, não são mais a norma com a qual se confronta o caso excepcional. O deficiente é estudado em relação às suas funções sensoriais e motoras específicas, à sua organização cerebral particular, às estratégias de pensamento que desenvolveu para superar suas deficiências. São interessantes, nesse sentido, os resultados da dominância manual dos cegos na leitura do Braille. O alfabeto Braille é constituído por combinações de pontos (até um máximo de seis), que indicam, cada um deles, uma letra (fig. 29A). Comparando as duas mãos na velocidade de leitura do Braille, descobriu-se que a mão esquerda é mais veloz que a direita. Dado que a mão esquerda é controlada pelo hemisfério direito, interpretou-se tal superioridade como a especialização desse hemisfério para o reconhecimento de configurações espaciais (como são as combinações do Braille). Semelhantes aos pontos do Braille, são os grupos casuais de pontos adotados pela psicóloga canadense Doreen Kimura (fig. 29B). A discriminação visual desses grupos de pontos é melhor quando eles são projetados na zona da retina conectada ao hemisfério direito, do que ao esquerdo. Os pontos "visuais" casuais são reconhecidos diretamente pelo hemisfério direito, enquanto os pontos "táteis" letras são reconhecidos em sua disposição espacial pelo hemisfério direito e, em seu significado lingüístico, pelo hemisfério esquerdo (fig. 29C). É importante sublinhar que uma mesma operação (reconhecimento de configurações no espaço) é efetuada pelo mesmo hemisférico direito, embora a informação possa ser puramente visual ou tátil e deva, eventualmente, ser elaborada em níveis sucessivos (como no caso do Braille, para o qual são necessários ambos os hemisférios).

O cérebro modificou-se na história?

Os conhecimentos acerca do cérebro progrediram num ritmo, por assim dizer, acelerado. As primeiras pesquisas experimentais verdadeiras foram iniciadas nos primeiros decênios do século passado, portanto, numa época relativamente recente da história da humanidade. Além disso, nestes 150 anos, aproximadamente, os resultados mais notáveis só foram obtidos nos últimos vinte ou trinta. No entanto, se considerarmos a concepção global da organização funcional do cérebro, podemos dizer que ela não mudou substancialmente nestes dois séculos. O cérebro é considerado como um órgão composto por vários subórgãos, cada um dos quais tem uma determinada função. São ligados, contudo, entre si para controlar a atividade de todo o corpo e dos comportamentos em que se baseia a interação entre o homem e seu ambiente. Assim, há áreas sensoriais, a que provêm as informações do mundo exterior (estímulos visuais, auditivos, táteis, verbais); áreas de elaboração, em que a informação é analisada em relação às experiências passadas (memória) do indivíduo; áreas motoras, em que são programadas e executadas as respostas a serem dadas ao ambiente externo (fig. 7). Enquanto, no passado, só se tinha uma descrição sumária e superficial das áreas corticais envolvidas na recepção e elaboração da informação, na execução das respostas e na programação do comportamento, hoje conhece-se a organização mais "íntima", ao nível das células, dessas funções corticais. Os resultados mais importantes destes últimos anos provêm, de fato, das pesquisas sobre as funções dos neurônios tomados individualmente. Passou-se, do estudo das funções corticais deduzidas da conformação superficial (lembrem-se do enfoque da frenologia, baseado na inspeção do crânio e das suas protuberâncias), ao estudo das funções "dentro do cérebro".

Sendo o estudo experimental do cérebro tão recente, é evidente que não temos dados adequados para saber se o cérebro dos homens do passado era igual ao do homem atual. O cérebro era pesquisado daquele modo aproximativo e, em todo caso, nem sempre na perspectiva explícita de uma pesquisa sobre a relação entre as suas funções e os processos psíquicos. Os autores interessados nesse problema colocavam as várias faculdades da alma (a imaginação, a memória, o raciocínio etc) em partes diferentes do cérebro, sem uma base clínica e experimental. Não havia observações sistemáticas sobre os distúrbios psíquicos e de comportamento causados por lesões específicas numa área ou num hemisfério cerebral. Pode-se supor que, se essas observações tivessem sido feitas, delas resultariam as mesmas conclusões a que chegamos hoje: um soldado destro, na Primeira Guerra Púnica, na Guerra dos Cem Anos, ou na Primeira Guerra Mundial, se fosse atingido de maneira específica no hemisfério cerebral esquerdo, perderia muito provavelmente a fala. Nesse sentido, podemos dizer que as funções cerebrais fundamentais permaneceram as mesmas no decorrer dos séculos. O que pode ter mudado, porém, é a interação entre essas funções, o papel e o peso assumido em épocas, culturas e homens diferentes, por algumas funções com respeito a outras (por exemplo, a visão com respeito à linguagem).

Há alguns casos em que podemos aplicar as idéias atuais sobre a organização cerebral para compreender os processos mentais de homens do passado. Trata-se, quase sempre, de grandes figuras da história, sobre as quais há uma documentação abundante. Um exemplo é Leonardo da Vinci. Outra direção de pesquisa baseia-se na hipótese de que os processos mentais tenham mudado, no decorrer da história do homem. Assim, a mente do homem da Idade Média seria diferente da de um homem da Idade Moderna. A hipótese de uma "historicidade" da mente é central na "nova história" francesa, mas foi elaborada sistematicamente pela escola de psicologia soviética, conhecida como "escola histórico-cultural".

Leonardo

Leonardo da Vinci suscitou o interesse dos psicólogos pela singularidade e o fascínio de sua personalidade e sua habilidade e engenhosidade em inúmeras disciplinas, "deixando para trás todos os outros homens", precisava Vasari, em sua biografia de Leonardo. O estudo psicológico mais conhecido é o de Freud, de 1910, em que, partindo de uma fantasia infantil ("[. . .], a primeira recordação da minha infância era que, estando eu no berço, imaginava que um falcão chegava perto de mim, me abria a boca com seu rabo e percutia inúmeras vezes com ele o interior de meus lábios"), se delineava o desenvolvimento da sexualidade de Leonardo e a sua influência sobre a criatividade do artista, Freud, para fundamentar suas conjeturas sobre a homossexualidade de Leonardo, referira-se ao seu mancinismo: "Leonardo, de quem não se conhece nenhuma relação amorosa, foi talvez o caso mais célebre de mancinismo", já havia escrito a seu amigo Wilhelm Fliess, que defendia uma bissexualidade constitucional. O próprio Freud havia citado os erros de escrita de Leonardo como indícios para a sua interpretação psicanalítica. Recentemente, o mancinismo e as características da escrita de Leonardo foram considerados como elementos fundamentais de uma interpretação neuropsicológica, a qual, segundo os americanos Aaron e Clouse, "baseia-se na possibilidade de que o cérebro de Leonardo fosse organizado de maneira diferente do da maior parte dos seres humanos e que essa variante da organização cerebral lhe tenha possibilitado encarar o mundo de uma maneira absolutamente incomum". Para o neuropsicólogo Schott, essa organização cerebral particular consistia substancialmente no fato de que "Leonardo tinha uma localização no hemisfério direito, dominante para a linguagem e as capacidades lingüísticas".

Na *Vida de Leonardo da Vinci, Pintor e Escultor Florentino,* de Vasari, encontramos a famosa afirmação de que o

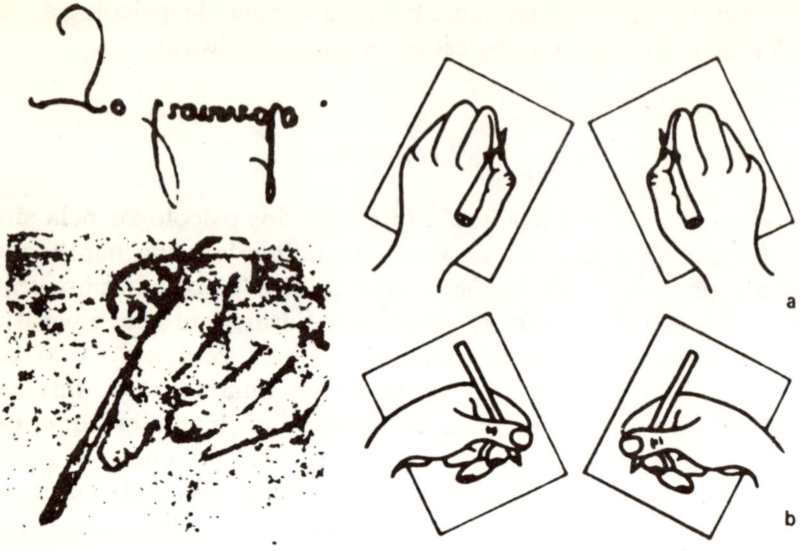

Fig. 30. À esquerda, acima, autógrafo de Leonardo escrito em modo especular; embaixo, esboço que representa provavelmente a mão esquerda de Leonardo. À direita, postura da mão em sujeitos destros e canhotos, com posição da pena virada para fora (a) e para dentro (b).

artista "escreveu cartas em caracteres estranhos, feitos com a mão esquerda invertida, e quem não tem prática de ler não entende, porque só se lêem com ajuda de um espelho". Sustentou-se muitas vezes que Leonardo escrevia desse modo esquisito para proteger suas descobertas dos plagiadores ou para não divulgar experimentos que pudessem ser tachados de heresia. Por outro lado, insistiu-se em que seria um expediente ingênuo, pois bastaria um espelho para ler o que Leonardo tinha querido esconder. No *Código Atlântico* encontra-se um desenho representando uma mão esquerda empunhando uma pena (fig. 30 a). Segundo estudiosos abalizados de Leonardo, tratar-se-ia da própria mão do artista. Um dado importante resulta desse desenho. A pena é segurada entre os dedos de tal modo que a ponta está virada para fora e não em forma de gancho, virada para dentro na direção da palma. Pesquisas sobre a preferência da mão (direita ou esquerda) e sobre a posição da pena durante a escrita (voltada para dentro ou para fora) levaram à conclusão — contestada, porém, por outros pesquisadores — de que os indivíduos que escrevem com a mão esquerda e mantêm a pena virada para fora têm uma dominância cerebral direita para as funções lingüísticas, e quem usa a mão esquerda com a pena virada para dentro possui, ao contrário, a especialização lingüística "normal" no hemisfério esquerdo (fig. 30 b). Além disso, a escrita especular, como já observamos, é considerada um sinal de mancinismo. Leonardo nem sempre escrevia da direita para a esquerda invertendo as letras (fig. 30); às vezes, a sua escrita era normal, da esquerda para a direita, como no caso da célebre carta a Ludovico, o Mouro, em que oferecia seus serviços ao Duque de Milão (essa carta, porém, não é considerada autógrafa de Leonardo justamente devido ao modo como foi escrita e, para alguns, sequer é autêntica, devido ao estilo não leonardiano). A escrita especular associava-se freqüentemente a erros de ortografia típicos das crianças com dificuldades na aprendizagem da leitura e da escrita (distúrbios denominados "dislexia" e "disgrafia"). Se a particularidade leonardiana da escrita especular é evidente, nem sempre, porém, é fácil distinguir os erros de ortografia próprios de Leonardo e atribuíveis a um distúrbio de tipo disléxico, das variantes ortográficas comuns naquela época. Marinoni, um dos maiores estudiosos de Leonardo, assinalou inúmeras variantes gráficas (p. ex., omissão do *i*, como em *camica* = camicia [camisa] ou *goco* = gioco [jogo]; do *h*, como em *sciuma* = schiuma [espuma] etc), fonéticas (p. ex., troca entre *l* e *r*, como em *contempra* = contempla ou *albusti* = arbusti [arbustos]), morfológicas (p. ex., *fiacciano* = facciano [façamos], *dichino* = dicano [digam] e sintáticas. Para os psicólogos, elas poderiam ser indícios de distúrbios lingüísticos, mas também variantes lingüísticas da época. Considera-se que, nas crianças disléxicas, há um atraso no processo de especialização funcional dos dois hemisférios (o esquerdo, para as funções lingüísticas; o direito, para as funções visual-espaciais), em alguns casos complicado por uma dominância manual esquerda. Todos os sinais acima referidos (mancinismo, posição da mão escrita especular, erros de ortografia) fazem supor que Leonardo tivesse uma dominância manual esquerda e uma especialização lingüística no hemisfério direito. Essa hipótese é fortalecida por um testemunho que remonta a um ano e meio antes da morte, quando o cardeal Luís de Aragão foi visitar Leonardo, em Cloux. O secretário do cardeal notou que, embora vítima de uma paralisia da mão direita, Leonardo continuava desenhando com a mesma perícia. Por outro lado, não foi assinalado nenhum distúrbio específico da linguagem, como se nota em geral num indivíduo com paralisia da mão direita por um dano ao hemisfério cerebral esquerdo. Em todo caso, Leonardo sempre manifestou dificuldade na expressão verbal, e a sua autodefinição como "homem sem letras" foi considerada não somente uma qualificação de cientista empírico, apartado da verbosa cultura oficial, mas também uma prova indireta da sua dificuldade constitucional em aprender as "letras". É óbvia a relação que se pode estabelecer entre o iletrismo de Leonardo e a sua opção pelas artes visuais. Em Leonardo, é notoriamente recorrente a apreciação da pintura e do desenho como instrumentos superiores às letras para o conhecimento do mundo: "Ó escritor, com que letras escreverás, com tal perfeição, a inteira figuração, como faz aqui o desenho? O qual [ler: do qual], tu, por não teres noção, escreves confuso e deixas pouco conhecimento das verdadeiras figuras das coisas". É notável, em Leonardo, a contraposição entre pensamento verbal seqüencial (função geralmente atribuída ao hemisfério esquerdo) e pensamento visual imediato e global (hemisfério direito):

"Se tu, poeta, imaginas a sangrenta batalha, ela está com o ar escuro e tenebroso, devido à fumaça das aterradoras e mortais máquinas, mescladas à espessa poeira que turva o ar e à pavorosa fuga dos miseráveis, amedrontados pela horrível morte.

Nesse caso, o pintor te supera, porque a tua pena será consumida antes que descrevas plenamente o que, de imediato, o pintor representa com a sua ciência. E a tua língua será impedida pela sede, e o corpo pelo sono e pela fome, antes que tu, com palavras, demonstre aquilo que num instante o pintor te demonstra. Na qual pintura não falta mais que a alma das coisas finitas, e em cada corpo está a integridade daquela parte que por um só aspecto pode ser demonstrada. Longa e tediosíssima coisa seria, para a poesia, redizer todos os movimentos dos operadores de tal guerra, e as partes dos membros e seus ornamentos, das quais coisas a pintura acabada te põe diante com grande brevidade e verdade, e a essa tal demonstração não falta senão o barulho das máquinas e os gritos dos assustados vencedores e os gritos e prantos dos assustados. As quais coisas o poeta não pode representar ao sentido da audição. Diremos, portanto, ser a poesia ciência que opera sumamente nos cegos e a pintura fazer o mesmo nos surdos, mas tanto mais digna resta a pintura, por servir a melhor sentido.

O único verdadeiro ofício do poeta é imitar palavras de gente que fala junto, e só essas, representadas ao sentido da audição como naturais, porque em si são naturais criaturas da voz humana, e em todas as outras conseqüências é superado pelo pintor.

Mas muito maiores, sem comparação, são as variedades em que se estende a pintura, do que aquelas em que se estendem as palavras, porque infinitas coisas fará o pintor, que as palavras não poderão nomear, por não haver vocábulos apropriados para elas".

As representações da *Batalha de Anghiari* são, sem dúvida, "visuais": "num instante, o pintor te demonstra" o horror da guerra, "que as palavras não poderão nomear, por não haver vocábulos apropriados".

Do mundo da audição ao mundo da visão

O conhecimento da realidade, para Leonardo, desenvolvia-se através de um contínuo confronto *visual* da mente com as coisas, "porque o olho menos se engana". A especulação filosófica ("o discurso mental", de Leonardo) devia basear-se na representação visual que o pintor produz da realidade, representação fundada, por sua vez, em esquemas que permitem distinguir a estrutura íntima da própria realidade. Esses esquemas são essencialmente visuais (fig. 31), como são visuais as imagens do cientista, de que já falamos. Todos os historiadores da ciência reconhecem, hoje em dia, que a conquista de uma representação visual da realidade, entre 1400 e 1500, foi um dos fatores fundamentais do desenvolvimento da ciência moderna.

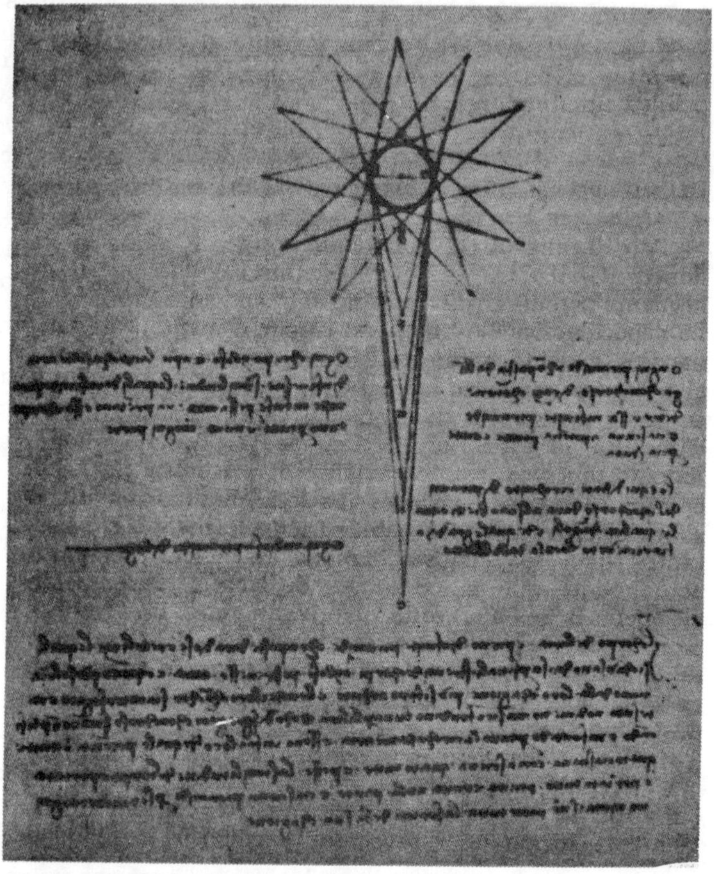

Fig. 31. De uma esfera, como de qualquer objeto, originam-se infinitos raios luminosos. Do segmento *ab* (o diâmetro da circunferência na figura), são gerados dois raios convergentes no ponto inferior *c* (a letra é especular). A "pirâmide" *abc* contém um número infinito de pirâmides, como *abd, abe, abf,* respectivamente correspondentes ao olho dos observadores *c, d, e* e *f*. Esse famoso esquema do modelo piramidal da percepção visual tem um comentário que começa assim (ler da direita para a esquerda do desenho): "Toda pirâmide composta de um grande concurso de raios contém dentro de si um número infinito de pirâmides, e cada uma tem força para todas e todas para cada uma" (Leonardo, *Codice Atlantico,* foglio 86v, edição Brizio).

A nova "visão" concretizou-se na geometrização do espaço mediante as técnicas da perspectiva e no emprego de instrumentos — primeiro o binóculo, depois o microscópio —, que permitiram perceber mundos desconhecidos dos homens dos séculos precedentes. Não mudou apenas a maneira de representar e conhecer a realidade nos artistas e cientistas. Modificou-se, de fato, a representação interna que os homens todos tinham do seu mundo circundante. A transformação foi posta em evidência pelo historiador francês Lucien Febvre, num livro de 1942, sobre Rabelais. O mundo perceptivo do homem pré-moderno ter-se-ia limitado aos sons e aos cheiros, sem referências visuais relevantes. O domínio da audição sobre a visão era estreitamente correlacionado ao caráter oral da transmissão cultural na maioria dos homens, enquanto a cultura escrita era limitada a uma minoria restrita. Com a invenção da imprensa de caracteres móveis, ter-se-ia efetuado a tradução da cultura oral para a cultura escrita, produzindo uma nova representação da realidade, a que dedicaram ensaios com títulos significativos tanto sociólogos (Mc Luhan, *A Galáxia de Gutenberg: O Nascimento do Homem Tipográfico*, 1962), como historiadores da ciência (Koyré, *Do Mundo do Aproximativo ao Universo da Precisão*, 1948). A atenção dedicada às transformações da mente no decurso da história não nasceu ocasionalmente de um estudo sobre o homem do século XVI, mas era um componente fundamental da historiografia francesa, de que Lucien Febvre foi um dos expoentes mais conhecidos. Num escrito de 1938, sobre *Psicologia e História*, Febvre ilustrou claramente esse novo interesse pela historicidade da mente humana:

"Quando os psicólogos falam em suas dissertações, em seus tratados, de emoções, decisões, raciocínios do 'homem', na realidade tratam das nossas emoções, das nossas decisões, dos nossos raciocínios: do nosso setor particular, de nós, dos homens brancos da Europa ocidental, reunido em grupos de civilizações antiqüíssimas. Ora, como nós, historiadores, poderíamos valer-nos de uma psicologia baseada na observação dos homens do século XX para interpretar as ações de homens de outros tempos?"

Há o perigo de afirmar que a imprensa tenha produzido uma ruptura repentina entre o homem pré-moderno e o homem moderno. Na verdade, o caminho foi lentíssimo. A passagem de uma cultura oral a uma cultura escrita, à cultura tipográfica, abraçou milênios de história e não foi, absolutamente, um percurso linear e progressivo. Ao lado da cultura escrita existia, na mesma época, a cultura oral, com características diferentes nas classes dominantes e nas classes subalternas, numa interação que foi objeto de ampla discussão entre os historiadores contemporâneos. Gosto de recordar, a esse propósito, o moleiro Menocchio, condenado por heresia em fins do século XVI, e cujo caso veio à luz num belo livro histórico de C. Ginzburg (*O Queijo e os Vermes: O Cosmos de um Moleiro do Século XVI*, 1976). Quando os inquisidores perguntaram de onde havia tirado seus pensamentos heréticos, Menocchio respondeu :"Aquelas opiniões que tive, tirei-as do meu cérebro" e não, de fato, dos livros simples e teologicamente não perigosos que leu. Suas leituras, testemunho da difusão da cultura escrita entre a gente comum, eram filtradas e reelaboradas numa mente ("o cérebro") nutrida pela cultura oral, a cultura ainda dominante na mente dos homens do limiar da idade moderna.

O modo como o leitor referiu-se ao texto escrito interessou recentemente os historiadores. Dessas pesquisas (refiro-me, em particular, às de Eric A. Havelock sobre o mundo grego) sobressaíram inúmeras indicações importantes para a tentativa de reconstruir a mentalidade dos homens do passado. Insistiu-se, novamente, sobre a decisiva transformação mental produzida pela introdução da escrita (cerca de 3.000 a.C.) e do alfabeto (cerca de 750 a.C.). Com esses instrumentos de comunicação, desencadeou-se o "processo de erosão da 'oralidade' " (Havelock), processo que conheceria uma etapa fundamental ulterior com a invenção da imprensa. A escrita pré-alfabética tinha um poder de comunicação limitado aos objetos e aos conceitos cujos signos tinha à disposição em seu repertório pictográfico e ideográfico. Já o alfabeto permitiu comunicar uma quantidade ilimitada de palavras e expressões verbais com um número pequeno de signos visuais. Na cultura oral, a memória era uma função mental elementar. Havelock explicou como os poemas homéricos eram, para os gregos, uma "enciclopédia do comportamento": "Sua criação foi a resposta aos princípios da memorização oral e à necessidade de assegurar a transmissão. As expressões lingüísticas só podiam ser recordadas e repetidas, se enunciadas de forma particular: elas existiam exclusivamente como som, memorizado através da audição e reproduzido pela voz dos vivos". O cantor devia recordar o texto a ser recitado e, cada vez que se encontrava diante do auditório, concentrava-se exclusivamente nele. "É difícil para uma mente educada à prática da escrita e da leitura imaginar plenamente o esforço mental requerido, mas ele significava obviamente um absorvimento total, uma imersão mental no ato da recitação" (Havelock). Foram descritos os meios que o cantor e, antes dele, o compositor (às vezes a mesma pessoa) tinham à disposição para facilitar a memorização de um texto e a sua lembrança no momento de recitar. Havelock falou também do "princípio do eco", uma série de expressões verbais que faz lembrar de outras, de fatos que se ligam a outros episódios: "O eco é algo que o ouvido do cantor e do auditório estão habituados a esperar". Essa espécie de técnica da memória (mnemotécnica) valia-se também de outros expedientes, como o par de palavras contrapostas, técnica que se encontra, por exemplo, em Heráclito: "A doença torna doce e grata a saúde; a fome, a saciedade; o cansaço, o repouso". Uma palavra ("a doença") chama outra ("a saúde"), e a frase pode ser memorizada mais facilmente. Acrescentemos que a poesia tinha uma estrutura bem definida em metros, graças ao que a memorização de um trecho era reforçada pela associação das palavras ou da sua cadência métrica, por uma consonância cúmplice com o ouvido do cantor e do auditório. A introdução do alfabeto e sua difusão, a ser datada, ao que se pensa, respectivamente em 750 e não antes de 500-450 a.C., criou uma mudança na estrutura compositiva da poesia e da prosa grega. Haveria muitos exemplos sugestivos, como a transformação de uma historiografia feita para ser recitada em público e, portanto, cheia de expressões verbais ricas em imagens, que impressionassem o auditório ao serem ouvidas (Heródoto), numa historiografia feita para ser lida e meditada por cada leitor, clara e rigorosa na exposição dos fatos, como afirmou Tucídides num trecho significativo citado por Bruno Gentile e Giovanni Cerri em seu estudo sobre "comunicação escrita e comunicação oral no pensamento historiográfico dos gregos":

"A ausência do fabuloso talvez torne a narrativa menos agradável ao auditório. Mas quem quiser conhecer claramente a realidade dos fatos que aconteceram ou dos fatos idênticos e semelhantes que poderão acontecer, em conformidade com a natureza do homem, basta-me que a julgue útil.

Minha história é uma posse perene, não um recital destinado ao auditório do momento".

A escrita possibilita a conservação "perene" de um texto, não é apenas um problema de materiais e de técnicas de fruição. Desprendendo-se da comunicação oral, o homem que conhece a escrita — principalmente a nível do alfabeto — é beneficiado, tanto na comunicação do pensamento, não mais encadeado a formas verbais rígidas, como na recepção desse produto, não mais condicionada à exigência de memorizá-lo imediatamente para recordá-lo mais tarde. Com a escrita e o alfabeto, a mente se liberta gradativamente de limites e esquemas rígidos que limitam a sua criatividade. O texto escrito é um instrumento a que o indivíduo pode recorrer no curso de seus pensamentos sem precisar armazená-lo necessariamente na mente, na forma original. Na leitura, as informações são filtradas e assimiladas, sem abarrotar o armazém da memória. No entanto, a escrita foi acusada de frear a expressão do pensamento. Num trecho muito citado de *Fedro,* Platão afirmava que o alfabeto "engendrará o esquecimento na alma de quem o aprender: estes cessarão de exercitar a memória, porque, confiando no escrito, chamarão as coisas à mente não mais de dentro de si, mas de fora, através de signos estranhos". Mas em geral, a superioridade da audição sobre a visão é explicitamente reconhecida por Aristóteles em seu livro sobre os sentidos: "Melhor é, em si, a vista, mas em relação à inteligência o é, acidentalmente, a audição [. . .]. A audição contribui em grandíssima parte à inteligência, porque o discurso é causa de instrução, se ouvido, e não em si mas acidentalmente: de fato, é formada de palavras e cada palavra é um símbolo. Por isso, dentre os homens privados, desde o nascimento, de um ou outro sentido, os cegos são mais inteligentes que os surdos-mudos".

Numa cultura oral, a memória devia ser, portanto, uma função mental central. De fato, as teorias da memória elaboradas desde o mundo antigo, a começar pelo livro de Aristóteles, *Da Memória e da Reminiscência,* incrivelmente atual, haviam alcançado um nível de profundidade de análise ausente nas concepções relativas a outras funções, como a percepção ou a atenção. Sabe-se, por outro lado, quão amplamente desenvolvidas eram as técnicas da memória no mundo antigo e em toda a Idade Média, até o início da Idade Moderna.

Como sublinharam os historiadores, a mnemotécnica não era simplesmente um instrumento de conhecimento, mas exprimia a mentalidade do indivíduo, seus modos de organizar o pensamento. Quando a imprensa com caracteres móveis foi inventada, do mesmo modo que a cultura oral não é eliminada drasticamente, o papel da memória também não é imediatamente redimensionado. O processo não foi veloz, não foi unidirecional e progressivo, mas bastante diferenciado, se se consideram as classes cultas e no poder ou as classes subalternas. Uma mente que não filtra a informação, que não armazena apenas o que é relevante em si, na vida do indivíduo, descartando, do que recebe em determinado momento através dos sentidos, o que é ou se torna irrelevante com o transcorrer do tempo, é uma mente que sucumbe à sua memória. Já sabemos algo acerca disso, graças ao caso paradoxal descrito por Luria e já citado na p. 61. Um cronista de um jornal de Moscou tinha uma memória excepcional: lembrava-se de tudo; a cada objeto, a cada palavra associavam-se significados infinitos. Finalmente, essa mente submersa num torvelinho de recordações não conseguia mais produzir algo próprio, só sendo capaz de reproduzir indefinidamente o que lhe propunha memorizar o público dos circos, de que virou atração. Naquele homem, todas as funções mentais se reorganizaram para o predomínio da memória, e Luria tomara-o como ilustração não para contar um caso curioso, mas para esclarecer as modalidades de reestruturação das funções mentais num indivíduo em que uma função é dominante — como fizera, aliás, para outros casos em que a reestruturação originava-se da perda de uma função por lesão cerebral.

Não menos interessante, me parece, pode ser uma divagação no interior do desenvolvimento da própria escrita. Os paleógrafos sabem perfeitamente quão tortuoso, com soluções diferentes, não redutíveis a um esquema simples e linear, foi o caminho da escrita. Penso nos estudos recentes sobre o reconhecimento de letras, conforme sejam impressas em fôrma ou cursivo. Há cerca de dez anos, afirmou-se que o reconhecimento de letras era função do hemisfério esquerdo, especializado precisamente na elaboração da informação lingüística. Depois, começou-se a duvidar da generalidade dessa afirmação, devendo-se especificar se se tratava de letras cursivas ou de fôrma, para não falar do fato de serem vogais ou consoantes. De fato, as letras cursivas são mais difíceis de serem reconhecidas e requerem, portanto, mais tempo para a sua elaboração. Além disso, pela sua configuração gráfica, às vezes muito complicada (basta pensar ao modo como se escreve uma carta ou uma receita médica), o hemisfério direito, responsável pela análise de formas visuais complexas, interviria na operação de reconhecimento. É considerado axiomático — eu mesmo considerei-o recentemente — que existam dois tipos de imprensa principais — fôrma e cursivo —, com os quais o cérebro se confronta, ora só com o hemisfério esquerdo, ora talvez com os dois hemisférios. Porém, ao ser colocado diante de letras escritas, o cérebro humano nem sempre recebeu esses dois caracteres. O cursivo é bem mais recente que a letra de fôrma; em todo caso, era menos difundido e conhecido do que esse tipo de letra. Afirmou-se freqüentemente que derivava da exigência de traduzir mais velozmente em forma escrita o que a mente pensava, atenuando os contornos dos caracteres e ligando-os entre si (fig. 32). Pode parecer absurdo o que me pergunto: que sentido teria pesquisar a especialização dos hemisférios cerebrais de um homem do século III depois de Cristo, que conhecia apenas os caracteres romanos clássicos, isto é,

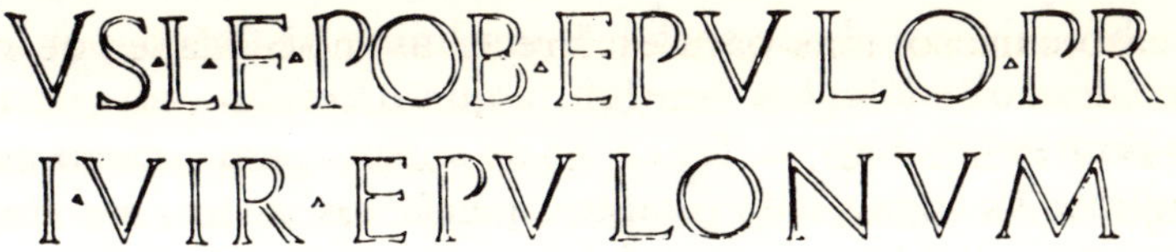

CESTI]VS · L · F(ilius) · POB(lilia) · EPVLO · PR(aetor)...
VI]I · VIR · EPVLONVM...

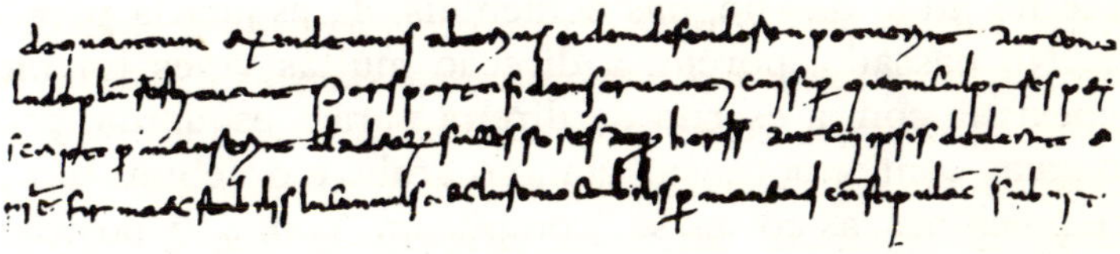

de quantum exinde unus alterius eidem defendere n(on) potuerint aut cont[endere...
in duplu(m) restituant pars parti fidem seruanti cui sup(er) quem culpa respex[erint...
scripto p(er)manserint u(e)l ad eor(um) successores atq(ue) her(e)d(e)s aur cui ipsis dederint et...
tem]p(o)re firma et stabilis inconuulsa et inreuocabilis p(er)manead cu(m) stipulac(ione) subnixa.

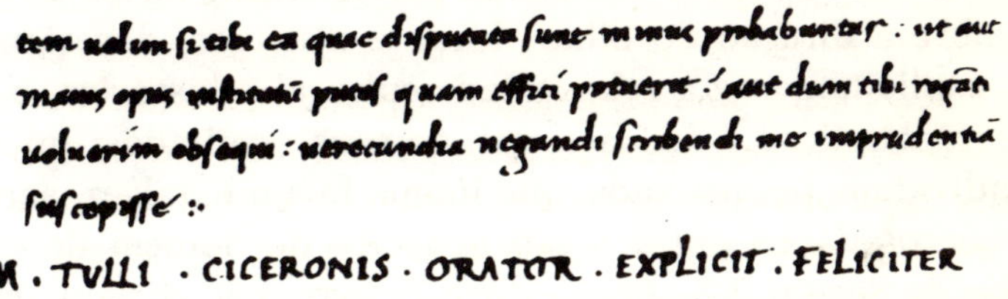

Fig. 32. De cima para baixo: escrita chamada *capitalis quadrata*, da era de Augusto; escrita *cursiva nova*, num documento de 984; e escrita *humanista cursiva*, de Niccolò Niccoli, de 1423, esta última difundida em toda a Europa com o nome de "itálico", devido à sua adoção na imprensa de tipos móveis.

letras de fôrma maiúsculas. A resposta seria banal: não conhecendo o cursivo, seu cérebro permaneceria "mudo". O que pretendo sublinhar é que não se trata de limites neurofisiológicos, próprios da espécie animal a que pertencemos, devido aos quais não podemos perceber os raios ultravioletas, como as abelhas, por não termos receptores sensíveis a eles. Aquele cérebro teria ficado "mudo" às letras cursivas porque pertencia a um indivíduo que vivia numa época histórica em que tal escrita não era conhecida ou não estava difundida entre os membros da sua classe social. É um limite histórico, por assim dizer, e não fisiológico, um limite que o cérebro, ao contrário dos limites fisiológicos, foi capaz de superar, a um certo ponto. Aludimos às vogais e consoantes; pensemos, agora, nas línguas — e nos indivíduos que as falam — em que não há vogais e dominam as consoantes, como nas línguas semíticas, ou vice-versa, como no japonês. Ou, então, detenhamo-nos na direção de escrita atual das línguas ocidentais, da esquerda para a direita. No passado, porém, a direção muitas vezes foi incerta ou coexistia com a escrita da direita para a esquerda, própria de línguas contemporâneas como o árabe e o hebreu (no japonês e no chinês, as coisas se "complicam" com a disposição dos caracteres em colunas verticais). Ou, ainda, consideremos o fato, aparentemente menos significativo de que as letras eram maiúsculas e que só por volta do século III d.C. é que apareceram as minúsculas. Assim, os estudos sobre o reconhecimento de letras em relação à especialização dos hemisférios cerebrais, ou sobre a direção do olhar durante a leitura, deveriam afirmar explicitamente a relatividade cultural e histórica, e não a irrelevância desses dados em si, de seus resultados: quem são os indivíduos pesquisados, que língua falam e, talvez, acrescentar que os dados obtidos são próprios do homem de cultura média do século XX. Como dizia Febvre, não diriam respeito ao "homem", mas aos homens brancos da Europa ocidental de nosso tempo.

Gostaria de fazer uma última divagação, sempre sobre o desenvolvimento histórico das funções mentais, baseada em fontes históricas e literárias do passado. Fiquei maravilhado ao saber, graças aos estudos recentes sobre as formas de comunicação no mundo antigo, que a leitura em silêncio, como a que você provavelmente efetua ao ler estas linhas, era raríssima então. A surpresa deriva do meu conhecimento das relações entre pensamento e linguagem (nas suas formas de linguagem exterior e linguagem interior) e do seu desenvolvimento nos primeiros anos de vida da criança. Eu podia esperar que, nas pessoas afeitas à comunicação oral, o livro, uma vez difundido, servisse para aliviar a memória, mas fosse lido, tendencialmente, em voz alta. Mas o fato é que, mesmo a sós, lendo para si mesmo, a leitura era em voz alta. Esse comportamento era usual no mundo antigo e devido a ele, nota Havelock, as bibliotecas não tinham sala de leitura, eram praticamente apenas um depósito: os livros eram lidos sob a colunata adjacente. Como notava Mc Luhan, descrevendo o homem pré-tipográfico, os monges da Idade Média não deviam perturbar os companheiros lendo em voz alta nas suas celas durante o repouso. Mc Luhan citava um estudo de Jean Leclerq, de que vale a pena citar um trecho interessantíssimo:

"Na Idade Média, como na antigüidade, as pessoas não liam como hoje, principalmente com os olhos, mas com os lábios, pronunciando o que os olhos viam, e com os ouvidos, escutando as palavras pronunciadas, ouvindo as que eram chamadas de 'vozes das páginas'. Trata-se de uma verdadeira leitura acústica: *legere* significa, ao mesmo tempo, *audire* [...]. A conseqüência disso é bem mais que uma simples memória visual das palavras escritas. O resultado é uma memória muscular das palavras pronunciadas e uma memória auditiva das palavras ouvidas [...]. Essa mastigação repetida das palavras divinas é descrita, às vezes, empregando-se a temática do alimento espiritual [...]. Meditar significa apegar-se intimamente à frase que é recitada e pesar suas palavras para poder penetrar a profundidade de seu pleno significado. Significa assimilar o conteúdo de um texto através de uma espécie de mastigação que dele extrai todo o sabor".

Quando estudamos as relações entre pensamento e linguagem (basta referir-nos aos estudos clássicos de Piaget e Vygotski), retemos que o pensamento pode encontrar uma expressão verbal tanto na forma da linguagem em voz alta (como quando uma criança fala sozinha, em voz alta, ao brincar ou resolver um problema), como na forma interiorizada. É opinião unânime que a linguagem interior é a forma de pensamento verbal mais avançada e a que mais demora a aparecer na idade infantil. Aqui, a linguagem não é mais articulada, extensa, gramatical e sintaticamente organizada, como na expressão em voz alta. Ao contrário, é contraída, sem referências ou explicitações supérfluas para quem fala consigo mesmo. A leitura em voz alta empenha a mente em operações atentas (tom da voz, pronúncia etc), que desviam a corrente do pensamento dos percursos evocados pelo conteúdo do texto. As pesquisas sobre a leitura, principalmente as que são baseadas nos movimentos dos olhos, demonstraram que o leitor hábil não percorre o texto letra por letra, palavra por palavra, mas segue caminhos diferentes: ora antecipa as palavras ou as linhas, saltando-as, ora volta atrás, em função dos conteúdos que lhe são conhecidos ou não, em função das suas expectativas e do seu interesse. De poucos fragmentos efetivamente lidos a mente pode extrair o conteúdo geral. Tudo isso não é possível na leitura em voz alta, que requer uma adesão completa à seqüência fixada das letras e das palavras. Hoje, parece-nos quase impossível que, quando os filósofos do passado refletiam sobre os textos de seus mestres, fizessem-no lendo em voz alta, entravando o seu pensamento.

Se, durante séculos, a representação do mundo passou através da audição, das palavras ("para o poeta épico, a palavra *é* o mundo, o mundo que ele descreve através da sua poesia", J. Russo), dando uma estrutura mental definida a quem produz essa representação e a quem a recebe, ocorreu gradualmente uma reestruturação em que a audição e a memória adquiriram um peso diferente em relação à visão, que ter-se-ia transformado no eixo central das funções mentais. Enquanto a linguagem restringia a sua função a instrumento da comunicação interpessoal ou do depósito da memória coletiva nos livros impressos, a visão assumia o papel de instrumento de criatividade. Em Leonardo, essa evolução histórica em direção ao primado da visão achou uma organização cerebral conforme e encontrou uma clara explicitação conceitual.

O cinema é considerado a representação artística da realidade em que a visão é o sistema perceptivo privilegiado, senão exclusivo. Quando o cinema mudo, pura visão, tornou-se sonoro, as palavras e a trilha musical foram acrescentadas como um comentário, um suplemento informativo, um reforço emotivo para as representações visuais contidas nos fotogramas. Raras exceções, como os filmes de Robert Bresson, em que se usam sons reais (cascos dos cavalos, armaduras, canto de passarinhos, em *Lancelot e Genebra).* A tendência à

Fig. 33. Tábua de argila do séc. VII a.C., aproximadamente, encontrada na biblioteca de Assurbanípal, em Nínive, em que está descrito o dilúvio universal. A escrita é cuneiforme, desenvolvida entre 2800 e 2600 a.C.

extremização da "pura visibilidade" no filme parece destinada a desenvolver-se, de maneira imprevisível, com a introdução da tecnologia eletrônica.

O caminho do oral ao visual, do visual-pictórico (estático) ao visual-fílmico (dinâmico) pode ser ilustrado com as descrições do tema do dilúvio universal, feitas em diversas épocas. Havelock notou como a representação desse grande acontecimento sofreu uma transformação crucial com a introdução do alfabeto.

Na *Epopéia de Gilgamesh,* poema épico babilônico em escrita cuneiforme, há trechos sobre o dilúvio (fig. 33):

"Por um dia inteiro o furacão [soprou] do sul.
Aumentando a velocidade à medida que soprava [submergindo as montanhas].
Surpreendendo as [pessoas] como uma batalha.
Ninguém pode ver seu companheiro, e as pessoas não podem ser reconhecidas pelo céu".

Havelock confrontou o trecho completo com o do livro XII da *Ilíada,* onde é narrada a cheia dos rios, que destroem o acampamento dos gregos. O trecho seguinte também serve apenas de exemplo:

"A vaga violenta tudo varreu, ao longo da margem do Heles-
[ponto.
Depois, a ampla margem de areia ainda cobriu,
destruindo o muro; e os rios desviou
de seu curso, onde antes lançavam bela água corrente".

Do confronto das duas versões, uma em caracteres cuneiformes e a outra no alfabeto grego, Havelock revelou uma maior riqueza de vocábulos e expressões no texto grego, não mais amarrado a formas rituais, a repetições impostas pelos limites da escrita cuneiforme. O confronto de Havelock pode ser ampliado recordando-se o conhecido trecho de Leonardo sobre o projeto de representação pictórica do dilúvio universal:

"Dilúvio e sua demonstração em pintura.

Via-se o ar obscuro e nebuloso ser combatido pelo curso de ventos diversos, envolvidos pela chuva contínua e misturados ao granizo, os quais, ora aqui, ora ali, carregavam infinita ramagem das plantas dilaceradas, misturadas com infinitas folhas de outono. Viam-se as antigas plantas arrancadas e arrastadas pelo furor dos ventos; viam-se as ruínas dos montes, já solapados pelo curso dos seus rios, ruir sobre os mesmos rios e fechar seus vales; rios que, regurgitantes, alagavam e submergiam as muitíssimas terras com seus povos".

Embora se tratasse de um esboço a ser traduzido em pintura, o texto já possui uma fortíssima conotação visual, declarada pelos repetidos "viam-se". Para Leonardo, que julgava insuficiente a representação verbal, só a pintura podia traduzir um dos acontecimentos fundamentais da história do homem. Todavia, a representação não é mais apenas visual. Contém em si algumas propriedades formais que chamaram a atenção de Eisenstein. O diretor de cinema soviético reconheceu na descrição leonardiana um esboço de roteiro cinematográfico. Sua interpretação permite-nos concluir o reconhecimento fragmentário de indícios que desvelam uma transformação histórica das funções mentais do homem, das inter-relações entre percepção, memória e linguagem, entre mundo auditivo e mundo visual. Eisenstein notava, com finura, que na representação de Leonardo as cenas se sucedem, ora são os rios que transbordam, ora um primeiro plano dos animais que fogem, ora mães que choram os filhos afogados. Fragmentos isolados, fotogramas que se sucedem, sintetizando-se na mente do leitor (a visão do "dilúvio universal"), como, no caso do filme, acontece na mente do espectador. Se, da oralidade, é conservada a propriedade de seqüência de elementos (as palavras), o fato novo consiste na síntese dos elementos efetuada interiormente pelo espírito.

A síntese não é dada pelo exterior, preestabelecida na seqüência oral, mas é uma operação desenvolvida dentro do observador. Eisenstein, destacando as características cinematográficas da descrição de Leonardo ("o mesmo método de escolha seguido para a montagem"), podia sublinhar as propriedades e finalidades da representação cinematográfica referindo-se às teorias do seu amigo Vygotski sobre a linguagem interior. O filme, novo instrumento de representação da realidade do mundo contemporâneo, reflete as operações dinâmicas de síntese que o homem efetua entre os diversos fragmentos de realidade percebidos no mundo exterior, entre as imagens que se sucedem em seu mundo interior. Como diriam os paleógrafos, muda novamente a "relação de leitura" entre o observador e o texto: a mente não se confronta mais com uma representação já confeccionada, mas atua ativamente, movendo-se como na seqüência cinematográfica entre os fragmentos de realidade que pode recolher. Renova-se a oposição entre pensamento criativo, que produz síntese, e linguagem, que articula e comunica as sínteses produzidas.

Os sistemas cerebrais produzidos pela história

A transformação que a mente do homem pode ter conhecido no decorrer dos séculos, e sobre a qual há documentos da literatura e da arte, não significa que, a uma certa altura da história humana, tenha aparecido uma nova anatomia cerebral e que, daquela época em diante, os homens tenham nascido com um cérebro diferente, que os tornava homens do mundo moderno e não mais da Idade Média, do mundo grego e não mais da Idade da Pedra. Seguramente, o cérebro do homem é o mesmo desde há milhões de anos, se considerarmos a sua estrutura anatômica. A transformação concerne, em vez disso, ao modo de funcionar de tal estrutura, ou, na expressão de Luria, como o cérebro trabalha hoje e como trabalhou no passado.

Segundo a escola soviética de psicologia, fundada por Vygotski e de que Luria foi um dos principais expoentes, as transformações das funções cerebrais são determinadas pela sociedade, pela textura das relações sociais em que um indivíduo nasce e cresce. Assim como as relações sociais variam na história, essa determinação da atividade cerebral também tem sua evolução histórica.

Tomemos como exemplo da transformação funcional das estruturas cerebrais o caso das cores e da escrita, que já examinamos precedentemente. O homem percebe uma gama de comprimentos de onda graças a várias estruturas, à retina e ao corpo geniculado lateral, as quais também estão presentes em outras espécies animais, como o gato e o macaco. Todavia, no homem, os comprimentos de onda são classificados segundo denominações específicas. Elas são aprendidas pela criança depois da aquisição da linguagem, isto é, quando amadureceram as estruturas cerebrais (em geral, no hemisfério cerebral esquerdo) cuja função é precisamente a linguagem. Quando se denomina determinado comprimento de onda ("isto é vermelho", "isto é amarelo" etc.), se estabelece, entre as estruturas implicadas na descodificação da informação "comprimento de onda" e as implicadas nas funções lingüísticas, uma nova interação funcional que precedentemente não estava implicada nas funções dessas estruturas. Ou seja, podia-se perceber as cores sem saber denominá-las e, ao mesmo tempo, podia-se falar sem saber o nome das cores. O fato de que a criança aprenda a ligar os comprimentos de onda às palavras não é um fenômeno predeterminado, já programado na memória genética da espécie humana. É uma possibilidade que é realizada pela influência do contexto social em que a criança cresce. Quando o nome das cores é ensinado, forma-se uma conexão funcional entre estruturas que já possuem uma função própria, esta sim geneticamente predeterminada. Com respeito a estas últimas, a nova conexão, o novo "sistema funcional" (expressão de Vygotski e Luria) tem uma origem social. Já afirmamos que a conotação social está ligada a fatores históricos, no sentido que, na história do homem, a influência social sobre o desenvolvimento dos processos mentais foi vária. Assim, para as cores, nas várias culturas a denominação conheceu um desenvolvimento, de um número restrito de denominações a uma gama cada vez mais vasta, ou também regressões, como no caso dos dialetos em que se perderam nomes já adquiridos na língua de que derivaram. Quando a criança aprende os nomes das cores e forma, pois, em seu cérebro, novas conexões de origem social, é, na verdade, influenciada por fatores mais gerais, de caráter histórico (a língua falada, a cultura a que pertence), relacionados à época histórica em que vive.

Outro sistema funcional cerebral de origem histórica é a escrita. Para escrever, é necessário a participação de várias estruturas cerebrais, cada uma das quais tem uma função específica, mas nenhuma tem a da escrita em si. A escrita é função de um conjunto (sistema) de funções que interagem a partir do momento em que se aprende a escrever. Sem entrarmos na descrição da organização cerebral implicada na escrita, basta notar que ela requer a participação das áreas da linguagem (escreve-se uma palavra que já se conhece, por tê-la *ouvido*), das áreas visuais (conhecem-se os signos *visuais* correspondentes à informação verbal auditiva), das áreas motoras (para traçar os signos específicos no papel põe-se em andamento um programa *motor* executado pela mão). Quando a criança aprende a escrever, faz todas essas áreas interagirem. Devemos precisar também que as áreas têm funções (auditivas, visuais, motoras) já determinadas geneticamente. A nova função — a escrita —, porém, só se desenvolve se a criança crescer num contexto social em que ela é "cultivada". Do mesmo modo que para as cores, a escrita tem características que variam de cultura a cultura e que requerem uma organização cerebral muitas vezes singular. Lembrem-se da escrita japonesa e da interação funcional cerebral nela implicada. Na escrita, ainda é mais evidente a historicidade de um sistema funcional cerebral. De fato, essa nova função se desenvolveu num momento determinado da história do homem, a partir do qual o cérebro de quem aprendeu a escrita podia trabalhar de maneira diferente.

Essas novas possibilidades do cérebro que se desenvolvem na história são transmitidas pelas estruturas sociais. O cérebro do homem é o mais poderoso dentre as espécies animais, devido à sua grande potencialidade em adquirir da sociedade novas organizações funcionais. É, contudo, o mais impotente, por outro lado, se privado das influências sociais. Um homem crescido na floresta (uma ex-"criança lobo"), embora dotado ao nascer de um cérebro poderoso, não será capaz de interagir com os outros homens, porque aquele cérebro não adquiriu as conexões que a sociedade dos homens requer.

Há, portanto, duas dimensões da historicidade do cérebro humano. A primeira é de longa duração e se manifesta nas transformações que as funções cerebrais superiores, a mente, sofreram através dos séculos da história humana. A segunda concerne às diferenças entre indivíduos de uma mesma época. Da primeira dimensão, há apenas documentos artísticos e literários. Procurei dar um exemplo dela acenando à grande reestruturação das funções cerebrais ocorrida com o advento gradual da escrita, do alfabeto, e com a supremacia do visual sobre o auditivo. Talvez ainda haja muito a ser descoberto nos documentos antigos sobre a mente do homem do passado, se soubermos interpretá-los na perspectiva justa. Há alguns anos, provocou certo alvoroço o livro do psicólogo Jaynes, que, levando em conta os estudos contemporâneos sobre as funções dos "dois cérebros", formulou a hipótese de uma organização funcional cerebral completamente diferente no homem até a época da *Ilíada* e da *Odisséia*. Jaynes sustentou que o homem homérico era tomado por contínuas alucinações, particularmente auditivas, interpretadas como vozes dos deuses, e que só mais tarde teria adquirido a razão e a consciência. O mundo dos sonhos e das alucinações, da poesia e da religião teria sido o apanágio do hemisfério direito e a consciência emergente do hemisfério esquerdo. O homem moderno seria, ao contrário, dominado pelo racional, pelo hemisfério esquerdo. Essa tese conjugava-se com a da dominância do hemisfério direito (e das suas funções cognitivas e emotivas) nas civilizações "primitivas" contemporâneas. Assim, foi fácil distinguir no hemisfério direito o instrumento para redescobrir o paraíso perdido pelo mundo ocidental, a verdade possuída outrora pelos antigos e ainda contemplada pelas culturas orientais e primitivas. A operação foi até simples demais, praticada por quem pouco sabia da história do homem, por quem tornava-se fautor do hemisfério direito, do mesmo modo que começava a fazer cursos de Zen e seguir os novos profetas. Também foi fácil, assim, criticar essas posições e pôr em evidência a falta de fundamento histórico dos documentos citados. Bem diferentes eram as análises de historiadores como Braudel, Febvre ou Dodds, naturalmente ignoradas pelos defensores do hemisfério direito. Quando se tentou proporcionar uma dimensão diferente ao cérebro, fez-se isso de uma maneira errada, que só fortalecia a tese de uma a-historicidade das funções cerebrais. No entanto, uma reavaliação do hemisfério direito podia ser feita com um caráter não irracionalista, se fossem citados, ao menos, Leonardo e Einstein, certamente estranhos a uma concepção não racional da realidade.

A imagem do cérebro

Para saber qual é a imagem, como dizem os historiadores da ciência, ou a idéia que os cientistas têm do cérebro, não é preciso, como esses historiadores sabem muito bem, compulsar os trabalhos técnicos publicados em revistas especializadas. É preciso pegar os neurologistas quando, em poucas linhas, devem dizer sinceramente o que pensam, sem poder fazer distinções sutis. Por exemplo, Hubel, prêmio Nobel de 1981 por seus estudos sobre o sistema visual, uma autêntica revolução na neurofisiologia contemporânea, no momento crucial, quando devia sintetizar o que é o cérebro humano, afirmou simplesmente que há neurônios de entrada e neurônios de saída e, no meio (uma zona virginalmente branca entre os neurônios, na ilustração que acompanhava seu texto), estão todas as outras funções: "Há um sinal de saída: o único modo como o homem responde ao mundo exterior e influi sobre ele. E entre o sinal de entrada e o sinal de saída, há todo o resto: percepção, emoção, memória, pensamento e tudo que torna o homem humano". São essas afirmações concisas que, no fim das contas, se difundem e criam as imagens que o homem se forma da ciência, nesse caso de si próprio, de como é feito seu cérebro.

Aquela zona branca que torna o homem humano é, em todo caso, uma realidade que ainda pode ser diretamente pesquisada, não somente deduzida como para o homem de Homero ou de Rabelais. Nesse plano pode-se descobrir a outra dimensão histórica do cérebro humano. A metodologia corrente é o primeiro obstáculo à determinação dos processos de transformação e das conotações histórico-culturais do cérebro num indivíduo do mundo de hoje. Já acenamos várias vezes à escolha de estudantes universitários como sujeitos quase exclusivos da experimentação psicológica e neurofisiológica. As indicações relativas às funções cerebrais são tiradas, assim, de um grupo bem distinto de homens: brancos, vinte anos, estudantes. Sabe-se muito pouco, porém, dos brancos, de vinte anos, operários, ou dos negros e amarelos. Como também são escassos os conhecimentos sobre o desenvolvimento do cérebro na idade infantil e sobre a sua deterioração na idade senil. Experimentem folhear os artigos da *Scientific American,* a abalizada revista americana de divulgação científica. Cada vez que se mostra uma figura do cérebro (e, portanto, se fala nele), trata-se de um cérebro adulto, sem nenhuma advertência a propósito, dando como evidente que "o cérebro" é o de um homem adulto. Claro, sabe-se que a infância e a velhice são fases da vida humana só estudadas recentemente na ciência e pode-se encontrar uma explicação histórica para a falta de estudos sobre o cérebro da criança ou do velho. Alguém poderia citar-me centenas de estudos a esse respeito. Mas cumpre verificar quanto esses estudos penetraram na imagem do "cérebro humano".

Seria preciso refletir se esse "cérebro humano", tão abstrato de qualquer referência histórica e individual, não representa a última âncora do antropocentrismo. Depois da revolução astronômica, o homem perdeu a posição de centro do universo. A revolução darwinista negou-lhe, depois, o privilégio de último ato da criação divina, colocando-o na cadeia da evolução animal. Então, afirmou-se, é o cérebro que distingue o homem, que dele faz uma exceção no universo. A potência do cérebro (ou da alma que nele reside) seria, novamente, de origem extramaterial e o homem tornaria a se erguer acima do resto da natureza. Para saber se o cérebro humano, tal como o conhecemos hoje em dia, é um mito, uma salvaguarda da centralidade do homem, faz-se seguramente necessária uma revisão dos pressupostos teóricos da psicologia e das ciências neurológicas, mas esse trabalho de reflexão teórica não é suficiente. Quando o psicólogo ou o neurologista estudam o cérebro humano como uma máquina sofisticada, abstraindo-o de seu contexto concreto, as razões não são apenas intrínsecas à sua disciplina, não se trata apenas de um limite teórico e metodológico. A esquizofrenia que tem lugar no psicólogo e no neurologista entre seu cérebro e o cérebro pesquisado tem uma origem bem mais complexa; para compreendê-la, é necessário recorrer a categorias históricas e culturais.

A influência de idéias filosóficas e religiosas sobre a ciência do cérebro ainda precisa ser estudada. Em alguns casos, porém, a influência e suas conseqüências são bastante evidentes. Grandes cientistas, como Charles Sherrigton e John Eccles, ambos prêmios Nobel por seus estudos do sistema nervoso, conjugam a pesquisa rigorosa sobre os mecanismos do cérebro com a concepção espiritualista de uma alma que governa os processos cerebrais superiores. Outros cientistas (já recordamos Hubel) suspenderam todo juízo acerca do problema, deixando em branco no cérebro "o que torna o homem humano". Assim, nosso cérebro nos torna humanos ou por alguma entidade fora do nosso corpo, ou por algo de misterioso que a ciência se abstém de descrever.

Esse enfoque da ciência do cérebro humano está se consolidando com o desenvolvimento dos computadores. Abstraem-se do indivíduo concreto os processos superiores da mente, constroem-se uma lógica universal, uma linguagem, uma memória e um pensamento válidos para a comunicação entre máquinas. O homem também vira uma máquina que, para interagir com a outra máquina, o computador, adota uma forma de raciocínio comum. Desaparecerão gradualmente as referências às diferenças individuais e culturais. Um programa genético, deliberadamente escolhido, realizará um cérebro igual para todos. Mas que lógica será escolhida como modelo universal? Talvez, como denuncia o replicante Batty, no filme *Blade Runner*, esses homens também reivindicarão uma identidade individual sua, oriunda, novamente, da memória e da história.

Bibliografia comentada

O cérebro de um artista

O caso de Nadia é ilustrado no esplêndido livro de Lorna Selfe: *Nadia: A Case of Extraordinary Drawing Ability in an Autistic Child* (Londres, Pergamon Press, 1977). Várias referências à relação entre mancinismo e talento artístico encontram-se no importante livro organizado por J. Herron: *Neuropsychology of Left-handedness* (New York, Academic Press, 1980). V. em particular, o capítulo de C. J. Mebert e G. F. Michel: "Manualidade nos Artistas". Vários artigos clássicos sobre as funções dos dois hemisférios cerebrais foram reunidos no livro *I Due Cervelli.* Org. por F. Denes e C. Umiltà (Bologne, Il Mulino, 1978).

As experiências de J. M. Peterson e L. M. Lansky sobre os arquitetos canhotos estão relatadas na revista: *Perceptual and Motor Skills*, (1974, vol. 38, pp. 547-50 ; 1977, vol. 45, pp. 1216-18). O capítulo de L. J. Harris intitulado "Fatos e Mentiras" nas pesquisas sobre o mancinismo, no livro citado de J. Herron, foi usado para as referências a Michelangelo, Leonardo e Carroll. Para Carroll utilizei também excertos de *Através do Espelho* e *O Que Alice Encontrou Lá.* Trad. Sebastião Uchoa Leite (São Paulo, Summus, 1980, pp. 145-47). Sobre o problema das bases genéticas do mancinismo (e, em geral, da dominância manual), problema técnico demais para ser encarado aqui, v. V. Porac e S. Coren: *Lateral Preferences and Human Behavior* (New York, Springer, 1981). Sobre os canhotos na população italiana, v. D. Salmaso e A. M. Longoni: "Hand Preference in an Italian Sample". In: *Perceptual and Motor Skills* (1983, vol. 57, pp. 1039-42).

Falar, com que cérebro?

A história de Genie é descrita, juntamente com os resultados das pesquisas neuropsicológicas, no livro de Susan Curtiss: *Genie: A Psycholinguistic Study of a Modern-day "Wild Child"* (New York, Academic Press, 1977). Para dois outros casos de "crianças selvagens", ler dois livros fascinantes: J. Itard: *Il Fanciullo Selvaggio dell'Aveyron,* e W. Herzog: *L'Enigma di Kaspar Hauser.* Sobre o debate suscitado pelos casos de "crianças selvagens" nos inícios da antropologia e da psicologia modernas, v. S. Moravia: *La Scienza dell'Uomo nel Settecento* (Roma - Bari, Laterza, 1978). O principal livro de L. S. Vygotski é *Pensamento e Linguagem,* de 1934. O diário de Zasetski está no livro de Aleksandr R. Luria: *Um Mundo Perdido e Reencontrado.*

Sobre o bilingüismo é fundamental a monografia de M. L. Albert e L. K. Obler: *The Bilingual Brain* (New York, Academic Press, 1978).

Sobre o hemisfério direito, v. E. Perecman (ed.): *Cognitive Processing in the Right Hemisphere* (New York, Academic Press, 1983).

O cérebro dos japoneses

O livro de Ruth Benedict é de 1946: *Il Crisantemo e la Spada,* (Bari, Dedalo, 1968). O de Tadanobu Tsunoda denomina-se: *Nipponjin no Nó: Nó no Hataraki to Tózai no Bunka* (O cérebro dos japoneses: as funções cerebrais e as culturas do Oriente e do Ocidente), (Tóquio, Taishúkan Shoten, 1978), e foi objeto de várias análises na revista *Journal of Social and Biological Structures,* (1980, vol. 3, pp. 255-76). V. também M. Sanches: "Brain Function Lateralization and Language Acquisition: the Evidence from Japanese": In: *Language Sciences* (1979, vol. 1, pp. 35-49).

Sobre a língua e a escrita chinesas, v. W. S.-Y. Wang: "The Chinese Language": *Scientific American* (1973, vol. 228 (2), pp. 51-60) e G. Vacca: *Lingua,* no verbete *Cina, Enciclopedia Italiana* (vol. X, pp. 303-06). Para a relação entre a língua chinesa e o cérebro, v. M. A. Naeser e S. W.-C. Chan: "Case Study of a Chinese Aphasic with the Boston Diagnostic Aphasia Exam": *Neuropsychologia* (1980, vol. 18, pp. 389-410).

Para a escrita japonesa, foi consultada a obra de Hamako

Ito Chaplin e Sammuel E. Martim: *A Manual of Japanese Writing, Book 1* (New Haven e Londres, University Press, 1967). Dos numerosos trabalhos de S. Sasanuma, v.: " 'Kana' and 'kanji' processing in Japanese aphasics". In: *Brain and Language* (1975, vol. 2, pp. 369-83). Para outras referências, v. meu artigo: "Brain and Socio-Cultural Environment". In: *Journal of Social and Biological Structures* (1981, vol. 4, pp. 319-27).

Sobre a cultura não-verbal e a personalidade dos japoneses, v. o livro clássico, de 1938, de N. Hasegawa: *The Japanese Character: A Cultural Profile* (Tóquio, Kodansha, 1982), e o de T. Hoover: *La Cultura Zen* (Milano, Mondadori, 1981).

As cores são as mesmas para todos?

Para uma exposição sintética das bases neurofisiológicas da percepção da cor, v. L. Maffei e L. Mecacci: *La Visione* (Milano, EST Mondadori, 1979. Cap. VI). É também fundamental a obra de B. Berlin e P. Kay: *Basic Color Terms* (Los Angeles, Berkeley, University of California, 1969). V. também P. Kay e C. K. Mc Daniel: "The Linguistic Significance of the Meanings of Basic Color Terms. In: *Language* (1978, vol. 54, pp. 610-46).

Sobre as relações entre fisiológico e cultural na percepção das cores, v. M. H. Bornstein: "Color Vision and Color Naming: A Psychophysiologica Hypothesis of Cultural Differences". In: *Psychological Bulletin* (1973, vol. 80, pp. 275-80) e M. H. Bornstein e L. E. Marks: "Il Mondo del Colore". In: *Psicologia Contemporanea* (1983, vol. 10, n.º 57, pp. 2-8).

Sobre o uso do vermelho na civilização primitiva, v. E. E. Wreschner: "Red Ochre and Human Evolution: A Case for Discussion". In: *Current Anthropology* (1980, vol. 21, pp. 631-33).

Sobre as cores nos dialetos italianos, v. os trabalhos de A. M. Kristol: "Il Colore Azzurro nei Dialetti Italiani". In: *Vox Romanica* (1979, vol. 38, pp. 85-89) e "Color Systems in Southern Italy: A Case of Regression". In: *Language* (1980, vol. 56, pp. 137-45).

Sobre a cor na história da cultura, v. M. Brusatin: *Storia dei Colori* (Torino, Einaudi, 1983). Enfim, v. os livros de J. W. von Goethe: *A Teoria das Cores* (Milano, Il Saggiatore, 1979) e de L. Wittgenstein: *Observações Sobre as Cores* (Torino,Einaudi, 1981), para ter uma idéia das implicações filosóficas que teve, ontem e hoje, o problema da "percepção da cor". A citação de I. Calvino é de *Le Cosmicomiche* (Torino, Einaudi, 1965).

O cérebro de um músico

Fundamental o livro *Music and the Brain.* Org. por M. Critchley e R. A. Henson (Londres, Heinemann, 1977), a ser completado com os seguintes artigos: T. G. Bever e R. J. Chiarello: "Cerebral Dominance in Musicians and Nonmusicians". In: *Science* (1974, 185, pp. 137-39); A. Gates e J. L. Bradshaw: "The Role of Cerebral Hemispheres in Music". In: *Brain and Language* (1977, vol. 4, pp. 403-31); M. T. Wagner e R. Hannon: "Hemispheric Asymmetries in Faculty and Student Musicians and Nonmusicians During Melody Recognition Tasks" (ivi, vol. 13, pp. 379-88).

Sobre Ravel, v. t. Alajouanine: "Aphasia and Artistic Realization". In: *Brain* (vol. 71, pp. 229-41); R. E. Cytowic: "Aphasia in Maurice Ravel. In: *Bulletin of the Los Angeles Neurological Society* (1976, vol. 41, pp. 109-14); P. Petit: *Maurice Ravel* (Milano, Sugargo, 1980); H. H. Stuckenschmidt: *Ravel* (Paris, Lattès, 1981).

Sobre Chebalin v. A. R. Luria, L. S. Tsvetkova e D. S. Futer: "Aphasia in a Composer". In: *Journal of Neurological Sciences* (1965, vol. 2, pp. 288-92).

Sobre um violinista rumeno anônimo, v. L. Marlov: "Amusia Dueto Rhythm Agnosia in a Musician with Left Hemisphere Damage: A Nonauditory Supramodal Defect". In: *Cortex* (1980, vol. 16, pp. 331-38).

Sobre a audição colorida, v. A. R. Luria: *Una Memoria Prodigiosa* (Roma, Editori Riuniti, 1972) e S. M. Eisenstein: *Forma e Tecnica del Film e Lezioni di Reggia* (Torino, Einaudi, 1966). Sobre o assunto, v. capítulo na obra *Sincronizzazione dei Sensi, Significato del Colore,* além do capítulo sobre as sinestesias no livro *Music and Brain.*

Sobre as mãos do musicista, v. R. C. Oldfield: "Handedness in Musicians". In: *British Journal of Psychology* (1969, vol. 60, pp. 91-99); L. A. Shaffer: "Performances of Chopin, Bach and Bartok: Studies in Motor Programming". In: *Cognitive Psychology* (1981, vol. 13, pp. 326-76).

Sobre Beethoven, v. J. Ehrenwald: "Beethoven: Hero and Antihero, Portrait of a Right Hemispheric Genius". In: *Journal of the American Academy of Psychoanalysis* (1979, vol. 7, pp. 45-55).

O cérebro de um atleta

Sobre a dominância direita ou esquerda da mão, do pé e do olho nos atletas, v. C. Porac e S. Coren: *Lateral Preferences and Human Behavior* (New York, Springer, 1981).

Sobre a relação cérebro-corpo, v. E. Herrigel: *Lo Zen e il Tiro con l'Arco* (Milano, Adelphi, 1975).

Sobre as diferenças individuais dos ritmos circadianos em relação às disciplinas esportivas, v. B. Rossi, A. Zani e L. Mecacci: "Diurnal Individual Differences and Performance Levels in Some Sport Activities". In: *Perceptual and Motor Skills* (1983, vol. 57, pp. 27-30).

Sobre os tipos "matutinos" e "noturnos" na população italiana, v. L. Mecacci e A. Zani: "Morningness-eveningness Preferences and Sleep-waking Diary Data of Morning and Evening Types in Student and Worker Samples". In: *Ergonomics* (1983, vol. 26, pp. 1147-53). Cf. também A. Zani: "Ritmi Biologici e Lavoro a Turni". In: *Sapere* (1983, n.º 5, pp. 34-39) e A. Ferraris e A. Oliverio: *I Ritmi della Vita* (Roma, Editori Riuniti, 1983).

Navegar no Oceano

O testemunho de G. F. Gemelli Careri acha-se em *Viaggiatori del Seicento*. Org. por M. Guglielminetti. (Torino, Utet, 1967, pp. 709-10).

Sobre os navegadores da Oceania, v. os fascinantes livros de P. Buck: *I Vichinghi d'Oriente*. (Milano, Feltrinelli, 1961); B. Malinowski: *Argonauti del Pacifico Occidentale*. (Roma, Newton Compton, 1978); J. A. Michener: *Hawaii*. (Milano, Rizzoli, 1960); F. Quilici: *Oceano* (Bari, De Donato, 1972).

É fundamental para uma análise inspirada nas modernas teorias do conhecimento em psicologia a obra de T. Gladwin: *East Is a Big Bird. Navigation and Logic on Puluwat Atoll* (Cambridge (Mass.), Harvard University Press, 1970).

Sobre os mapas cognitivos, v. U. Neisser: *Conoscenza e Realtà* (Bologne, Il Mulino, 1981). Onde se encontram as referências às pesquisas de Gladwin e ao livro de K. Lynch: *L'Immagine delle Città* (Pádua, Marsilio, 1969).

Quanto ao interesse antropológico das pesquisas sobre os dois cérebros, v. J. A. Paredes e M. J. Hepburn: "The Split Brain and the Culture-Cognition Paradox". In: *Current Anthropology* (1976, vol. 17, pp. 121-27).

O caso Zasetski é descrito em A. E. Luria: *Un Mondo Perduto e Ritrovato* (Roma, Editori Riuniti, 1973). Sobre a orientação no deserto, v. J. M. Kearins: "Visual Spatial Memory in Australian Aborigenal Children of Desert Regions". In: *Cognitive Psychology* (1981, vol. 13, pp. 434-60). A citação de V. Pratolini é de *Il Quartieri* (Milano, Mondadori, 1945).

Sobre os distúrbios da orientação no espaço conseqüentes a lesões cerebrais, ler E. De Renzi: *Disorders of Space Exploration and Cognition* (Chichester, Wiley, 1982).

Para a psicologia dos cosmonautas, v. I. Gagárin e V. Lebedev: *La Psicologia e il Cosmo* (Roma, Editori Riuniti, 1973), além da autobiografia de Gagarin: *La Via del Cosmo* (id., 1961).

O cérebro de um cientista

Para um conhecimento direto do enfoque oitocentista do estudo do cérebro de escritores, artistas, músicos e cientistas, é fundamental a obra de Cesare Lombroso: *L'Uomo di Genio* (Milano, Bocca, 1984). V. também S. J. Gould: *The Mismeasure of Man* (New York, Norton, 1981).

Sobre Gauss, v. o capítulo "Il Re dei Matematici", em E. T. Bell: *I Grand Matematici* (Firenze, Sansoni, 1966), e M. Wertheimer: *Il Pensiero Produttivo* (capítulo *Una Storia Famosa: Il Piccolo Gauss* (Firenza, Giunti Barbèra, 1965).

Sobre Einstein, v. a sua: *Autobiografia Scientifica* (Torino, Boringhieri, 1979), e *Il Lato Umano* (Torino, Einaudi, 1980), além de B. Hoffmann: *Albert Einstein Creatore e Ribelle* (Milano, Bompiani, 1977). Para o pensamento visual, v. o capítulo "Einstein: Il ragionamento che portò alla teoria della realtività", do livro de Wertheimer: *Il Pensiero Produttivo,* cf. A. I. Miller: "Albert Einstein and Max Wertheimer: A Gestalt Psychologist's view of the genesis of special relativity theory. In: *History of Science* (1975, vol. 13, pp. 75-103). Também são interessantes os seguintes estudos: W. Sullivan: "The Einstein Papers: Childhood Showed a Gift for the Abstract. In: *The New York Times* (27 march 1972, p. 1); G. Holton: "On Trying to Understand a Scientific Genius. In: *American*

Scholar (1972, vol. 41, pp. 95-100); B. M. Pattern: "Visually Mediated Thinking: A Report of the Case of Albert Einstein". In: *Journal of Learning Disabilities* (1973, vol. 6, pp. 415-20); A Rothenberg: "Einstein's Creative Thinking and the General Theory of Relativity: A Documented Report". In: *American Journal of Psychiatry* (1979, vol. 138, pp. 38-43).

Sobre as imagens visuais na criatividade científica v., além do livro clássico de J. Hadamard: *The Psychology of Invention in the Mathematical Field* (Princeton (N. J.), Princeton University Press, 1945), os trabalhos de R. N. Shepard: *Externalization of Mental Images and the Act of Creation*; B. S. Randhawa e W. E. Coffmann: *Visual Learning Thinking and Communication* (New York, Academic Press, 1978, pp. 133-89); R. D. Tweney e C. R. Mynatt (eds.): *On Scientific Thinking* (New York, Columbia University Press, 1981); e A. I. Miller: "Visualizzazione Perduta e Riconquistata: La Genesi della Teoria dei Quanti nel Periodo 1913-27". In: *L'Estetica nella Scienza.* Org. por J. Wechsler (Roma, Editori Riuniti, 1982). A autobiografia de J. D. Watson é *La Doppia Elica* (Milano, Garzanti 1968).

Sobre "Oriente e hemisfério direito", v. R. E. Ornstein: *La Psicologia della Coscienza* (Milano, Angeli, 1978); J. A. Paredes e M. J. Hepburn: "The Split Brain and the Culture-cognition Paradox". In: *Current Anthropology* (1976, vol. 17, pp. 121-27); T. Hoover: *La Cultura Zen* (Milano, Mondadori, 1981). Entre os livros de C. Castañeda, v. em particular sobre o "ver": *Viagem a Ixtlan* (Rio de Janeiro, Record, 1972).

O cérebro de um cego-surdo-mudo

O livro fundamental é o de A. I. Meshcheriakov: *Slepoglucho-nemye Deti* [*Crianças Cegas-Surdas-Mudas*] (Moscou, Pedagogika, 1974), a ser completado com as considerações de G. S. Gurgenidze e E. V. Ilienkov: "Un'Indagine Sperimentale sulla Formazione della Psiche Umana". In: *Rassegna Sovietica* (1976, n.º 1, pp. 39-57); e de K. Levitin: "The Best Path to Man: A Report from a Children's Home". In: *Soviet Psychology* (1979, vol. 18, pp. 3-66). V. também S. Sirotkin: *The Transition from Gesture to Word* (id., vol. 19, pp. 46-59). O autor é um dos quatro psicólogos cegos-surdos-mudos da Universidade de Moscou.

Sobre Helen Keller, v. seus livros: *La Storia della Mia Vita* (Torino, Edizioni Paoline, 1981); e *Il Mondo in Cui Vivo* (Milano, Bocca, 1944).

Sobre Laura Bridgeman, v. R. W. Oppenheim: "Laura Bridgeman's Brain: An Early Consideration of Functional Adaptations in Neural Development". In: *Development Psychobiology* (1979, vol. 12, pp. 533-37).

V. as pesquisas de A. B. Kogan: "Algumas Indicações Eletrofisiológicas dos Processos Corticais nos Cegos-Surdos-Mudos". (em russo) In: *Fiziologiia Tcheloveka* (1977, vol. 3, pp. 1113-18); e sobre a organização cerebral na leitura do Braille, v. B. Hermelin e N. O' Connor: "Functional Asymmetry in the Reading of Braille". In: *Neuropsychologia* (1971, vol. 9, pp. 431-35); e L. J. Harris: *Which Hand Is the "Eye" of the Blind?: A Look at an Old Question;* em J. Herron (ed.): *Neuropsychology of Lefthandedness* (New York, Academic Press, 1980).

O cérebro modificou-se na história?

Sobre Leonardo, v. G. Vasari: *Vite Scelte*. Editado por A. M. Brizio (Torino, Utet, 1964, pp. 247-71); A. Marinoni: *Introduzione a Scritti Letterari* (Milano, Rizzoli, 1974. Em particular, pp. 36-47, sobre as singularidades gráficas e ortográficas); *Scritti Scelti*. Editado por A. M. Brizio (Torino, Utet, 1966). Para as interpretações psicológicas, v. S. Freud: "Un Ricordo d'Infanzia di Leonardo da Vinci (1910). In: *Opere* (Torino, Boringhieri, 1974, vol. 6, pp. 207-84); G. D. Schott: "Some Neurological Observations on Leonardo da Vinci's Handwriting". In: *Journal of the Neurological Sciences* (1979, vol. 42, pp. 321-29); P. G. Aaron e G. Clouse: "Freud's Psycho-history of Leonardo da Vinci: A Matter of Being Right or Left". In: *Journal of Interdisciplinary History* (1982, vol. 13, pp. 1-16). Sobre a centralidade da "visão" no pensamento de Leonardo, v. W. van Hoorn: *As Images Unwind: Ancient and Modern Theories of Visual Perception* (Amsterdam, University Press Amsterdam, 1972); M. Kemp: *Leonardo da Vinci* (Milano, Mondadori, 1982); *Leonardo e l'Età della Ragione* (Milano, Scientia, 1982).

Sobre a perspectiva em relação ao tema das transformações históricas da mente, v. E. Panofsky: *La Prospettiva Come "Forma Simbolica" e Altri Scritti* (Milano, Feltrinelli, 1961); e P. Francastel:

Lo Spazio Figurativo dal Rinascimento al Cubismo (Torino, Einaudi, 1957).

Para a passagem da audição à visão, são leituras indispensáveis: L. Febvre: *Il Problema dell'Incredulità nel Secolo XVII: La Religione di Rabelais* (Torino, Einaudi, 1978); A. Koyré: *Dal Mondo del Pressappoco all'Universo della Precisione* (id., 1967); M. Mc Luhan: *La Galassia Gutenberg: Nascita dell'Uomo Tipografico* (Roma, Armando, 1976). O ensaio de Febvre: "Psicologia e Storia". In: *Problemi di Metodo Storico* (Torino, Einaudi, 1976). O caso Menocchio é ilustrado em C. Ginzburg: *Il Formaggio e i Vermi: Il Cosmo di um Mugnaio del '500* (id., 1976).

Sobre a cultura oral do mundo antigo, v. E. A. Havelock: *Cultura Orale e Civiltà della Scrittura: da Omero a Platone* (Roma-Bari, Laterza, 1973); e E. A. Havelock e J. P. Hershbell, ed.: *Arte e Comunicazione nel Mondo Antico* (id., 1981, e de que tirei as citações de Havelock, Russo, Gentili e Cerri). Sobre a cultura oral no mundo medieval, v. J. Leclerq: *Cultura Umanistica e Desiderio de Dio* (Firenze, Sansoni, 1983). Para os efeitos da introdução de "ler e escrever" sobre os processos mentais, v. J. Goody, ed.: *Literacy in Traditional Societies* (Cambridge, Cambridge University Press, 1968); e para uma experiência ainda mais recente sobre populações africanas, o livro de S. Scribner e M. Cole: *The Psychology of Literacy* (Cambridge (Mass.), Harvard University Press, 1981).

Sobre a memória, v. P. Rossi: *Clavis Universalis: Arti Mnemoniche e Logica Combinatoria da Lullo a Leibniz* (Milano, Nápole, Ricciardi, 1960); F. Yates: *L'Arte della Memoria* (Torino, Einaudi, 1972); e J. Le Goff: "Memoria". In: *Enciclopedia Einaudi* (vol. 9, pp. 1068-1109).

Sobre a escrita, v. R. Marichal: "La Scrittura". In: *Storia d'Italia* (Torino, Einaudi, 1973, vol. 5, t. II, pp. 1265-1317); Na coleção Universale Laterza, foram publicados vários volumes sobre "livros, escrita e leitores", ed.: C. Cavallo e A. Petrucci. Ótimo o catálogo da exposição do Grand Palais, de Paris, em 7 de maio — 9 de agosto de 1982: *Naissance de l'Écriture: Cunéiformes et Hiéroglyphes.*

A bibliografia sobre a especialização hemisférica no reconhecimento de letras escritas é analisada em C. Umiltà, ed.: *Neuropsicologia Sperimentale* (Milano, Angeli, 1982, pp. 15-41). V. também C. Bigelow e D. Day: "Tipografia Digitale". In: *Le Scienze* (1983, vol. 31, n.º 182, pp. 56-67).

Sobre a leitura em voz alta, v. M. Mc Luhan: *op. cit.*, e B. M. W. Knox: "Greek, Roman and Byzantine Studies". In: *Silent Reading in Antiquity*, (1968, vol. 9, pp. 421-35). Sobre a linguagem externa e interna, v. L. S. Vygotski: *Pensiero e Linguaggio* (Firenze, Giunti-Barbera, 1966).

O "Dilúvio" segundo Leonardo foi tirado dos *Scritti Scelti*. Editado por A. M. Brizio (Torino, Utet, 1966). As considerações de S. M. Eisenstein sobre Leonardo acham-se no capítulo "Parola e Immagine", do livro *Forma e Tecnica del Film e Lezioni di Regia* (Torino, Einaudi, 1964).

O livro de J. Jaynes é: *The Origin of Consciousness in the Breakdown of the Bicameral Mind* (Boston, Houghton Mifflin, 1976). Como exemplo de pesquisa histórica rigorosa para reconstruir a mente dos homens do passado, v. as obras da historiografia francesa (Febvre, Braudel, Le Goff etc.; cf. bibliografia em *La Nuova Storia*. Org. J. Le Goff. (Milano, Mondadori, 1980). Sobre a mente do homem grego são fundamentais os livros de E. R. Dodds: *I Greci e l'Irrazionale* (Firenze, La Nuova Italia, 1978), e de J.-P. Vernant: *Mito e Pensiero Presso i Greci. Studi di Psicologia Storica* (Torino, Einaudi, 1978).

Sobre o significado mais geral dos "dois cérebros", v. o discurso de Roger Sperry por ocasião da entrega do prêmio Nobel: "Some Effects of Disconnecting the Cerebral Hemispheres". In: *Science* (1982, vol. 217, pp. 1223-26), e as sínteses de M. C. Corballis: "Laterality and Myth". In: *American Psychologist* (1980, vol. 35, pp. 286-95) e de M. Kinsbourne: "Hemispheric Specialization and the Growth of Human Understanding". *American Psychologist* (1982, vol. 37, pp. 411-20).

O trecho de D. H. Hubel foi tirado do artigo "Il Cervello". In: *Le Scienze* (1979, vol. 12, n.º 135, pp. 8-17). Todo o fascículo é dedicado ao cérebro e contém contribuições de grande interesse geral.

A imagem do cérebro

São retomadas sinteticamente neste capítulo algumas teses desenvolvidas em *Cervello e Storia: Ricerche Sovietiche di Neurofisiologia e Psicologia* (Roma, Editori Riuniti, 1977); "Brain and Socio-cultural Environment". In: *Journal of Social and Biological Structures* (1981. vol. 4, pp. 319-27); Alberto Zani: *Teorie del Cervello: Dall'Ottocento a Oggi* (Torino, Loescher, 1982); "Looking for the Social and Cultural Dimension of the Human Brain". In: *International Journal of Psychophysiology* (1984, vol. 2).

Fontes das ilustrações

Figs. 1-5. L. Selfe, Nadia, Pergamon Press. London, 1977.

Fig. 6. A. Versalio, De humani corporis fabrica, 1543.

Fig. 7. A. R. Lurija, L'organizzazione cerebrale, *Le Scienze*, 1970, n. 22.

Fig. 9. C. Mooney, Age in the development of closure ability, *Canadian Journal of Psychology*, 1957, vol. 11, págs. 219-26.

Figs. 10-11. S. Curtiss, Genie, Academic Press, New York, 1977.

Figs. 12-13. W. S. Y. Wang, The Chinese language, *Scientific American*, 1973, vol. 228, n. 2, págs. 51-60.

Fig. 14. O. Vaccari and E. E. Vaccari, Pictorial Chinese-Japanese Characters, Vaccari's Language Institute, Tóquio, 1978.

Fig. 15. T. Tsunoda, Il cervello dei giappanesi, Taishukan Shoten, Tóquio, 1978.

Fig. 16. A. Kristol, Color system in Southern Italy, *Language*, 1980, vol. 56, págs. 137-45 (redesenhada).

Fig. 17. M. H. Bornstein, Color vision and color naming, *Psychological Bulletin*, 1973, vol. 80, págs. 275-80.

Fig. 19. P. Gammond, La musica, Sansoni, Florença, 1973.

Figs. 20-22. *L'Illustrazione dello Sport*, 1982, n. 1

Figs. 23-24. T. Gladwin, East is a Big Bird, Harvard University Press, Cambridge (Mass), 1970.

Fig. 25. S. Gould, The Mismesure of Man, Norton, New York, 1981.

Fig. 26. P. H. Lindsay and D. A. Norman, Human Information Processing. Academic Press, New York, 1972.

Fig. 27. B. Hoffmann, Albert Einstein cratore e ribelle, Bompiani, Milão, 1977.

Fig. 28. BSCS, Dalle molecole all'nomo. Biologia, Zanichelli, Bolonha, 1975.

Fig. 30. A. J. Wiliams, Leonardo da Vinci, Mondadori, Milão, 1966.
B. J. Levy and M. Reid, Variations in writing posture and cerebral organization, *Science*, 1976, vol. 194, págs. 337-39.
Fig. 31. Leonardo, Scritti scelti, Utet, Turim, 1966.
Fig. 32. R. Marichal, La scrittura, in Storia d'Italia, Einaudi, Turim 1973, vol. 5.
Fig. 33. Naissance de l'escriture, Grand Palais, Paris 1982.

Impresso na Prol editora gráfica ltda.
03043 Rua Martim Burchard, 246
Brás - São Paulo - SP
Fone: (011) 270-4388 (PABX)
com filmes fornecidos pelo Editor.